(第2版)

应用行为分析与儿童行为管理

郭延庆◎著

Applied Behavior Analysis and Behavior Management for Children (2nd Edition)

华夏出版社
HUAXIA PUBLISHING HOUSE

这本书，不是街谈巷议，不是娱乐八卦，不是东挪西借的教科书，也不是激发你斗志的鸡汤。

它是什么呢？它是邀请，邀请你一道思考，思考自己，思考爱人，思考孩子，思考生命本身……

来世上一遭，除了活下去，就剩下活明白了。活明白，需要思考。

目 录

杨序 …………………………………………………………………… 1
陆序 …………………………………………………………………… 1
邹序 …………………………………………………………………… 1
再版序 ………………………………………………………………… 1

上篇

第一章 行为主义与行为规律 …………………………………… 3

第一节 行为主义基本概念 ………………………………………… 3
  行为主义概论 …………………………………………………… 3
  行为、行为技能与行为库存 …………………………………… 6
  行为技能的习得、巩固与储备 ………………………………… 9
  效果律与基本行为规律 ………………………………………… 11

第二节 基本的行为规律 …………………………………………… 15
  强化物概念以及强化原理的应用 ……………………………… 15
  差别强化及相关应用 …………………………………………… 26
  通过避免强化物呈现带来的惩罚（其他行为的差别强化）…… 33
  消退的概念和应用 ……………………………………………… 37

　　　　惩罚原理以及应用中的注意事项 ………………………………………… 45
　　　　处罚原理与罚时出局 …………………………………………………… 49
　　　　逃避原理（负强化）的应用 …………………………………………… 53
　　　　行为塑造及临床意义 …………………………………………………… 55
　第三节　复杂的行为规律 …………………………………………………………… 57
　　　　区辨刺激与区辨训练 …………………………………………………… 57
　　　　泛化、泛化训练及其应用 ……………………………………………… 63
　　　　强化程序表 ……………………………………………………………… 67
　　　　谈并行依联控制 ………………………………………………………… 72
　　　　语言社区和语言行为 …………………………………………………… 73
　　　　直觉经验与清楚明白的道理（规则指导下的行为）………………… 87

第二章　预防问题行为 ……………………………………………………………………… 91
　第一节　问题行为的定义 …………………………………………………………… 91
　　　　问题、问题行为与管理辨析 …………………………………………… 91
　　　　问题行为定义 …………………………………………………………… 92
　第二节　问题行为预防方法 ………………………………………………………… 94
　　　　不管是管 ………………………………………………………………… 94
　　　　主动满足 ………………………………………………………………… 102
　　　　信言为美 ………………………………………………………………… 105
　　　　顺坡下驴 ………………………………………………………………… 108
　　　　力建常规 ………………………………………………………………… 111
　　　　抓小搁大 ………………………………………………………………… 114
　　　　提供选择 ………………………………………………………………… 116
　　　　亲历亲为 ………………………………………………………………… 117

第三章　问题行为功能分析 ……………………………………………………………… 119
　第一节　功能评估与分析方法 ……………………………………………………… 119
　　　　功能评估概述 …………………………………………………………… 119
　　　　问题行为的功能评估 …………………………………………………… 121

　　　　直接观察法 ·················· 124
　　　　实验观察法 ·················· 125

　　第二节　问题行为干预 ················ 129
　　　　问题行为干预总论 ·············· 129
　　　　寻求注意行为的干预 ············· 131
　　　　逃避/拖延任务的问题行为干预 ······· 133
　　　　获得具体实物/机会的问题行为干预 ···· 135
　　　　自我刺激行为的干预 ············· 136
　　　　问题行为及临床咨询个案 ·········· 138

下篇

第一章　行为主义的生命观　149
　　发心向善，寓智于行 ················ 149
　　个体生命是偶然（或无）中的必然（既有） ··· 152
　　生命体现为行为，行为成就了生命 ········ 153
　　欲求，行为与人生 ·················· 159
　　论体验的自由与人的存在 ············· 160
　　论生命的自生、独化 ················ 163
　　论生命的韧性 ···················· 167
　　论当下 ························ 169
　　人为什么不能当下行动? ·············· 172
　　论意志与方便之门 ················· 173

第二章　ABA 在孤独症领域的应用　175
　　知止与守正（上）谈孤独症谱系障碍的教育干预　175
　　知止与守正（下）谈孤独症谱系障碍的教育干预　177
　　在生活中教学，在教学中生活 ··········· 178
　　孤独症谱系障碍教育干预之纲领 ········· 184
　　孤独症儿童社会与沟通能力训练 ········· 193

顺天、尽性、寻安处：谈教育干预之成功 …………………… 200
　　论妈妈的"能与不能"与子女的"能与不能" ………………… 202
　　人生就是迈过一道道坎儿 …………………………………… 203
　　怎样才算一个好机构？ ……………………………………… 204
　　谈谈家长视角 ………………………………………………… 206

第三章　ALSO 理念的提出与发展 …………………………… 209
　　ALSO 理念概论 ……………………………………………… 209
　　ALSO 理念：从孤独症到社会人 …………………………… 212
　　ALSO 理念初探：理念核心 ………………………………… 214
　　ALSO 理念再探：生活中教学的意识与机会 ……………… 218
　　ALSO 理念三探：在生活中教学，在教学中生活 ………… 221
　　让人省心，对人有用 ………………………………………… 226
　　补其社会适应所最短，抢其社会适应所最长 ……………… 227
　　基于 ALSO 理念的家庭干预基本原则 ……………………… 232

参考文献 ………………………………………………………… 235

寄言 ……………………………………………………………… 237

杨　　序

《应用行为分析与儿童行为管理》第 2 版即将出版与读者见面。我为之鼓掌和欢迎！

郭延庆医师自 20 世纪 90 年代中期读硕士学位时，研究的主题就是美国孤独症诊断标准的汉化以及在我国应用的适用性。毕业论文答辩通过了两三年仍未见论文发表，问起此事还总是慢慢悠悠一副不着急的样子，我估计他是在继续思考并完善之中，因此也并不太催促他。这时我开始认识了他对待科研，对待新事物、新技术的认真谨慎态度，这无论对实验研究者还是临床研究者都是非常重要的可贵素养和品质。

在 20 世纪末，为使孤独症儿童尽早诊断、尽快康复，我们如饥似渴地寻找和学习、借鉴国外的各种早期诊断方法、早期干预的康复技术和手段。1993 年，我们集合了家长和专业人士的力量成立了北京市孤独症儿童康复协会。自此，国内的孤独症儿童康复工作有了一个崭新的多领域合作的平台。与此同时，基于北京大学精神卫生研究所（北大六院）在学术上的地位和影响，孤独症相关的国内外学术交流开始日渐频繁。

认识到儿童心理、行为学对孤独症早期干预的重要作用，经过送出去短期学习和请进来短期培训之后，我们明显地感到潜心、专门、深入学习的必要。在此关键时刻，我们及时得到美国内华达大学的支持，他们愿意接受一位儿童精神科医生到该校学习。郭延庆医生当即由协会支持、由医院委派去专攻应用行为分析（ABA）及其在儿童孤独症中的应用。他不负众望，刻苦学习，勇于实践，结合当地案例深刻领会并熟练掌握所学，在取得优异成绩的同时也得到时任国际行为分析协会主席琳达·海耶斯博士（Dr. Linda J. Hayes）的高度评价和信任。

回国后，郭大夫即积极培训各级专业人士，并将知识和技能耐心地、手把手地传授给家长和专业老师。十余年来，在大量接触孤独症临床实践案例中，在与家长、孩子以及老师的共同工作中，他不是简单地依样学样，而是在引进所学的基础上，结合国情及案例的实际，反复总结、提炼，提出新的理念和新的手段。这是值得称赞和提倡的，也只有这样，科学的方法才具有新的生命力和发展的可能性！

孤独症谱系障碍是一种有多样临床相和可能导致不同结局的疾病，我们绝不能奢望一纸药方可以解决所有的病案或一个病案的所有问题。因此，我们一定还会面临许多挑战，还需不断探索和研究，使其能够帮助更多的孤独症人士，也更多地造福于他们的家庭，造福于社会。

作者说这是一本面向孤独症儿童家长，启发并帮助家长在生活中对孩子进行康复教育的指导用书。我则认为，它不仅仅是面向家长、帮助家长、为家长所用的书，也适用于特殊教育学校、培训机构、从事和热爱特殊教育的人士，以及对行为管理有兴趣的人士。发育障碍并非仅存在孤独症儿童身上，在其他发育障碍儿童身上可能也存在某种行为问题，需要应用行为分析方法和技术来帮助他们提高和丰富各种日常生活技能，掌控情绪和克服行为问题。因此，我认为郭大夫的这本书会有更广、更多的使用前景！

最后，我期待它在系统性、操作性和理论性方面日益提高，硕果累累！

杨晓玲

陆　　序

儿童教育是现代社会的永恒议题，是关系到国计民生的大事。随着经济的发展和社会的进步，儿童的行为表现日趋多样化、复杂化，问题行为的发生率日益增高，而孤独症等精神障碍儿童也多有异常的行为表现。因此，对儿童行为表现的分析和管理是家长和教师必须应对的难题。

应用行为分析是近年来广泛应用于儿童行为干预的一种方法，通过理解环境与行为的相互关系来制定相关干预策略，适用于孤独症等精神心理疾病的治疗，被认为是治疗孤独症最可靠、有效的方法。研究表明，通过应用行为分析原理指导下的综合性训练，孤独症儿童的学习、逻辑、沟通与适应能力可得到显著的提高。

郭延庆教授长期从事儿童精神科医疗、教学和科研工作，专长于孤独症等儿童精神障碍的行为分析与心理治疗，对儿童教育与行为管理也颇有心得。郭教授长期组织应用行为分析相关的家长和专业人员培训班，还多次举办公益讲座，普及应用行为分析以及孤独症的早期干预措施，在孤独症患儿家长中引起较大反响。

为了使更多的中国孤独症患儿家庭受益，郭教授于2012年著述出版《应用行为分析与儿童行为管理》，系统介绍了应用行为分析的理论及应用，受到广大家长、教师和专业人士的广泛认可和高度评价。十年来，随着应用行为分析领域的发展进步，以及郭教授专业造诣的不断精进，《应用行为分析与儿童行为管理》第二版应运而生。

  本书由郭延庆教授在第一版的基础上重新著述，内容更新超过三分之二，整体构架也有所调整，分为上下两篇。上篇延续第一版精华内容，聚焦于行为主义学说的基本原理、基本行为规律、问题行为的功能分析以及预防问题行为的管理策略；下篇绝大部分为近十余年来对儿童行为管理和孤独症谱系障碍儿童教育干预的反思和经验提炼，首次提出并比较系统地阐述了"行为主义的生命观"以及"孤独症谱系障碍教育干预纲领"、ALSO理念等孤独症谱系障碍全生命周期支持和干预理念。

  本书是郭教授多年来智慧的结晶，将有助于家长、教师在实际生活中解决儿童出现的各种行为问题，促进孤独症等儿童期精神心理疾病的早期识别和干预，也可帮助精神病学、教育学、心理学等领域的相关专业人士深入了解应用行为分析的原理及应用，为相关学科的发展作出积极贡献。

陆林

北京大学第六医院

邹　序

在中国，说起儿童孤独症，北大六院是一个殿堂级的存在。同样，说起郭延庆教授，孤独症领域的专业人员和广大孤独症儿童家长鲜有不知。

应用行为分析（applied behavior analysis，ABA）毫无疑问是孤独症干预领域的显学。尽管目前国内外都有一些反对应用行为分析的嘈杂声音，究其原因还是对应用行为分析，尤其是现代应用行为分析的了解不够全面，认识不够深入，运用不够正确。

在我国大陆地区，最早将ABA运用于孤独症干预的是郭教授。早在2003年，彼时年轻的郭大夫就赴美国内华达大学学习应用行为分析，学成回国后，迅速将应用行为分析运用于我国孤独症干预并加以推广。2005年起，他担任国际应用行为分析协会中国分会主席。2016年，他又担任中国残疾人康复协会应用行为分析专业委员会主任委员，在中国孤独症干预领域，这些都是标志性事件。

由于工作性质的缘故，我认识北大六院郭延庆教授多年。多年来，我多次邀请郭教授讲学，介绍应用行为分析在孤独症干预中的运用。深感郭教授医学理论扎实、实践经验丰富、国学功底深厚；他为人正直坦诚，刚正不阿，服务儿童，医德高尚，我甚是钦佩。早在2012年他就撰写专著《应用行为分析与儿童行为管理》，受到广大专业人士和家长的欢迎。近日，此书修订再版，郭教授邀请我为本书作序，我欣然应允。

认真阅读此书，您将了解到一个行为主义者关于生命的思考，关于儿童行为管理的反思，关于孤独症谱系障碍全生命周期支持需要关注和着力的要点。当然，您也将学到应用行为分析的基本概念、原理、技术和方法。

可以这样说，每一个父母都是行为治疗师，与孩子生活的每一天，我们都在自觉或不自觉地运用行为塑造或行为矫正技术。只不过我们中的很多人可能是蹩脚的行为治疗师。于是，我们看到孩子的成长过程中会出现这样或那样的行为问题。应该说，如果我们真诚地爱着我们的孩子，注重孩子人格发展，在孩子发展的各个关键时期，给予了高质量地陪伴，那么还是有一定的"容错"空间，多数儿童还是能够健康快乐成长。但如果我们作为父母犯错太多，则孩子行为问题可能就会发展成为行为障碍。显然这是所有父母都不愿意看到的现象。解决之道何在？首先，你要爱孩子，我们相信绝大多数父母做得到这点；其次，你要拿出时间来陪伴孩子，一起生活，一起游戏，一起学习；第三，在生活、游戏、学习的过程中，正确运用儿童行为塑造和行为管理方法。对患孤独症和各类发展障碍的孩子务必如此，孩子将因此逐渐回归正确的发育轨道。对于普通儿童，同样如此，孩子将因此而行为得体，举止恰当，健康快乐。

我诚挚向广大从事儿童教育和特殊教育的专业人员推荐此书，诚挚向广大孤独症及其他发展障碍儿童家长推荐此书，也诚挚地向普通儿童家长推荐此书。

邹小兵

再 版 序

　　必得有人之生命自身的发展，才有夫妻合和。必得有夫妻合和，才有子女乃至家庭。如果在这个世界上，要找一件事情做，通过它，可以见证生命历程，体会生命力量，反观并完善自我，提升个人生存意义与价值，我想，没有比养儿育女更适合的了！

　　正如时间是单维的，人的生命在这个意义上也是单维的。去者不复。一切都在过程中。这就注定了养儿育女，它永远是艺术的，而非科学的；它永远是开放、有各种可能性的而非封闭、定论的；它永远是在路上的而非完成了的。我说它是艺术的而非科学的，但我并没有说它是反科学的。科学的成就有助于我们艺术化的养育。

　　我们要谈养儿育女，要着眼孩子的行为而去管理教育，就必须首先谈一谈我们有没有面对并影响另一个生命的权力的问题。如果有，它的权限在哪里，在行使这个权力的时候，我们当警惕和戒惧什么？

　　对此问题不同的思考和回答，将体现着不同的生命观：我们如何看待和应对生命过程和生命现象。更直达本质的提问，那就是生命到底是自足、独化还是有待他化的。对这个问题的回答，将决定我们在管理中"干预"生命进程的意图和力度，有多强或者有多偏。

　　我们在完成了对生命观的观照和思考之后，接下来要做的一件事情，便是我们要为孩子营造一个什么样的家庭氛围。也就是我们每一个管理者应该怎样对待爱人、长辈，以及怎样面对同为管理者的爱人和长辈对待孩子的态度和方式。

然后，我们才开始"学"做孩子的管理者。《大学》有言，未有学养子而后嫁者也。我们绝大多数人对孩子的养育管教可能始于我们有了一个可被管教的孩子。我们很少有人先去学习如何管教孩子，学成后才养育管教孩子的。因此，管教孩子的学问，我们通常都是边管边学的。孩子是我们的第一任，也是终身的老师。以被管理的对象为师，去摸索、学习管理的经验。

为了少走弯路，我们除了向孩子学习，还要借鉴一点科学的（或他人的）规律。我们要自我装备一些可用的、常用的策略和工具，以备情境的不时之需。这些行为的原理、规律和预防问题行为的管理策略，是第一版的重点。本书再版时，也得以承继。

近十余年来对亲子教育、儿童管理的实践与思考，让我感到除了就事论事的具体管理行为之外，需要对我们管理的权力和合理性有一个总体的反思和理论的指导。这些反思和理论的指导可以引领我们，让我们对儿童的管理体现更多对生命自身的欣赏、敬畏和尊重。第二版在第一版的基础上，对这部分内容进行着重探讨。

上　篇

第一章　行为主义与行为规律

第二章　预防问题行为

第三章　问题行为功能分析

第一章　行为主义与行为规律

第一节　行为主义基本概念

行为主义概论

行为主义首先把人看成一个有机体，是有机体的一种或者一个亚种，拥有遗传所赋予的特定的解剖和生理特征，这些基本特征是其所属种群在自然进化过程中，基于种系生存的条件和机会（contingencies of survival）自然选择下来的。这些特定的解剖和生理特征使我们有别于蟑螂、蜥蜴或豹子，使我们在任一时刻的任何行为都体现并受制于"人"这个特殊亚种。人虽很难被定义或描述，但判断一个有机体是不是人，却是"是个人就能做的"简单的事[①]。

个体在与其所处环境互动的过程中，基于强化的条件和机会（Contingencies of Reinforcement）而获得了各项行为库存（behavior repertoire），拥有这些行为库存的有机体便构成了独特的个人。

行为主义认为，人在任一时刻的任何行为，其动因无不肇始于上述"条件和机会"。它指的是与当下行为紧密衔接的行为发生前的、对行为发生有直接的激发或引发作用的环境中的条件、刺激或事件（A, antecedent），行为本身（B, behavior）以及行为对所作用当下环境的直接影响（C, consequence）这三者之间的关系。这个概念在应用行为分析中又叫依联（contingency）。

---

① 行为学里，我们把这个现象叫作受控于直觉的行为。

行为是什么

行为就是有机体（有机体泛指一切有生命的行为体）与环境的互动。相对于有机体的行为来说，环境是有机体行为的载体，也是有机体能作用到的部分，而不是指客观世界整体或者客观世界本身。譬如，喜马拉雅山是个很大的环境存在，但对于一个撕不开薯片袋子的儿童的行为，影响是零。有机体本身也是影响其自身行为的环境的一部分，是特殊的环境因素。比如，我们在发热、有外伤或者胃肠不舒服的情况下。有机体在或不在这样的环境状态中，其行为可能是完全不同的。

有机体与环境互动的历史经验[1]也是环境中属于自身部分的特殊环境因素之一，这些历史经验因当下环境因素的存在对行为也会产生影响。

有机体借以显示其行为的环境世界是变动不居的，是以有机体为中心且与有机体密切相关的，是影响有机体并被有机体影响的那部分世界，其中影响与被影响的相互作用正是通过有机体的行为显露。从这个意义上说，有机体离不开环境，离开环境有机体无以体现其存在；环境也离不开有机体，离开有机体，环境就失去了其相对有机体而存在的意义。相对有机体而存在的环境的变动不居，体现在两个方面，一方面是环境自身的变动不居，如冷、热、风、雨，环境中其他有机体的存在及其交互作用。另一方面是因有机体自身的行为变化而带来的环境变化，比如有机体从 A 处到 B 处，其所处的环境因有机体自身行动而发生了变化，饥饿的孩子哭的行为会让本不在眼前的妈妈出现在他面前。

经历与神经可塑性

通俗地说，神经可塑性指的是神经系统因应环境和行为体验的可改造性。在认知心理学里，这主要体现在两个方面的假说和证据。

第一个是经历（体验）依赖性的可塑性（Experience-dependent plasticity）。一种塑造某些神经元以对环境中的特异刺激调谐敏感的机制。动物行为学和人类行为学的实验为该理论提供了部分支持。

第二个是有关记忆巩固方面的机制。记忆巩固的脑机制假说，分为两

---

[1] 认知也属于历史经验范畴，是意识到的经验范畴之一，但历史经验更多是体现在直接的行为中而未被意识到的部分。

个层次，一个层次是在突触层面的巩固（Synaptic consolidation），信息被感知和编码并引发神经元连接之间突触形态学的改变（变成暂时可提取的记忆）；另一个层次是系统层面的巩固（Systems consolidation），因信息刺激相互联系的神经元之间形成系统的神经元联系回路（变成长久可提取的记忆）。这两个层面也得到了一些与动物脑实验相关的证据支持。

什么是经历？经历就是行为体（有机体）与环境之间借助行为的互动以及互动的体验。什么是记忆？记忆就是有机体与环境之间借助行为的历史性互动在大脑里的记载与当下的行为呈现。

在第一个认知原理里，强调的是经历（体验）依赖性的可塑性，而不是环境依赖的可塑性。有什么行为学层面的深意吗？有！

环境本身并不能够直接影响和塑造大脑的神经元和神经元之间的联系。环境的这个作用，必须借助有机体与环境之间以有机体的行为为中介的互动。环境再丰富、再重要，也要通过有机体以行为的方式感知并作用它，才能反过来对有机体本身（最关键的成分是大脑）形成塑造和影响。离开有机体的行为，环境对有机体就成了一种无意义的存在，或者说环境只是存在，却对有机体没有影响。

譬如，我们把一个典型的中等程度的孤独症的儿童安置在与他适龄的普通幼儿园，这个环境本身并不能直接影响孤独症儿童的大脑，并使其趋于正常化。如果孤独症儿童与这个环境里的重要人物（老师和小朋友）和事件（比如玩游戏、做手工与听课）没有直接的行为互动，那么这个所谓的正常环境实际上仍然是形同虚设。孤独症儿童缺少了像普通儿童那样与所处环境的种种行为互动，他的大脑也就很难如正常儿童那样被环境所影响和塑造。

所以，如果只是简单地将孤独症儿童安置在正常的儿童群体里，而不帮助他们获得与正常儿童同等（甚至应该更多）的行为互动的机会和互动的行为，经过一段时间，你会发现孤独症儿童还是会有孤独症的行为表现，并没有真正地朝融合的方向发展。

对于人类这样的有机体来说，最重要的环境因素莫过于环境中的人和环境中的事。丰富多彩的人和事件固然是好，但这是在预设了有机体对这个环境注意到、有兴趣以行为参与其中的前提下。离开了这个前提，所谓的丰富环境只是空谈。如果对这个环境未注意、没兴趣且未以行为参与其中，那么这个环境无论表面看起来多么丰富多彩，其实都有如荒漠。荒漠的环境是塑造不出来映象丰富世界的大脑来的。

对于孤独症儿童的安置与干预，我们不能以我们之眼、我们之心（因为那是带有我们自己预设的前提的）去判断环境的好坏、丰富或者贫瘠，而应该以孤独症儿童作用于环境中的行为为线索。如果这个行为是指向且持续地指向环境中我们所预期的人和事件的，那么拥有这个人和这个事件的环境就是好的、丰富的；否则，如果我们发现孤独症儿童的行为并不指向或者不持续地指向我们所预期的人和事件，其世界还是很冷清和贫瘠的，不管在我们看来多么热闹和喧嚣。

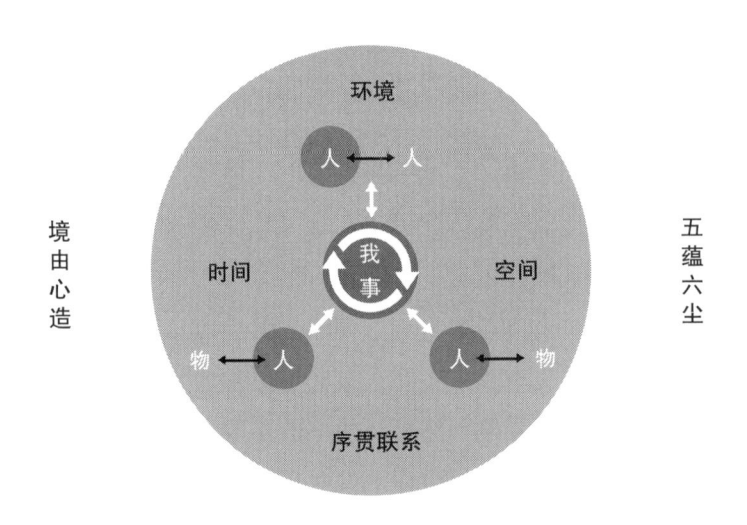

行为、行为技能与行为库存

从历史到如今，与行为学相关的科学文献和著作可以说汗牛充栋。但对行为，一直以来，却没有一个最恰切而完美的定义。对行为的定义，要么好理解（利于全面、整体地把握）却不好操作；要么可操作但总是挂一漏万。比如，说行为就是有机体与环境的相互作用（或者互动），或者说人的行为就是人能做的一切。这个定义比较好理解，但很难操作应用。如果说行为是可被客观观察且可以测量的有机体的活动，这倒是很多行为规律得以被发现的指导性的定义方向，但我们不能说那些不可以被客观观察且难以测量的有机体活动就不是行为，比如思考和问题解决的过程体验。

理查德·W. 马洛特（Richard W. Malott）与约瑟夫·T. 沙恩（Joseph T. Shane）在他们的著作《行为原理（第7版）》[①]（*Principles of Behavior, 7th Edition*）里，把行为定义为"肌肉的、腺体的或者神经电子的活动"。我认为这个定义已经脱离了行为学（心理学）的研究范畴，生理学或者神经生物学才研究肌肉、腺体或者神经电子的活动。生理学或者神经生物学的研究对象是肌肉细胞、腺体细胞或者神经细胞。如果把这些细胞作为有机体本身，那这些活动固然是这些细胞有机体的行为。这样的有机体的存在正是生理学或者神经生物学家们关注的对象，而行为（心理）学所关注的有机体的存在，是集肌肉、腺体和神经细胞于一身的、另外的、独立的有机体（比如，个体的人）在其所在的环境中的存在。也就是说，我的思考和我的神经细胞的电子活动，分别是两个有机体在分别的环境中的存在。关于行为的定义如果离开它的载体（有机体在环境中的存在），这样的定义最终就是不知所云。

我个人比较欣赏的是被奉为应用行为分析圣经的，被国内专业人士称为"白皮书"的《应用行为分析》（*Applied Behavior Analysis*）中所采纳的詹姆斯·M. 约翰斯顿（James M. Johnston）与亨利·S. 彭尼帕克（Henry S. Pennypacker）的观点。我欣赏该观点是因为这个观点强调了有机体与环境借有机体的行为产生的彼此相互依存和关联的关系。其具体内容如下[②]。

行为是有机体与环境的交互作用的一部分，其中涉及有机体某个部分的运动。（2009，P.31）

约翰斯顿和彭尼帕克对该定义的各个部分进行了探讨，因为这个定义与研究者和实务工作者有关。"有机体"一词将行为的主题限定在生物体的活动之中，而将其他一些说法，如股票市场的"行为"排除在科学使用这个术语

[①] 编注：《行为原理（第7版）》（*Principles of Behavior: 7ed*）中文简体版于2019年由华夏出版社出版。
[②] 编注：以下引文摘自詹姆斯·M. 约翰斯顿（James M. Johnston）和亨利·S. 彭尼帕克（Henry S. Pennypacker）的《应用行为分析》第3版（*Applied Behavior Analysis*），中文简体版已于2023年由华夏出版社出版。本书出版时《应用行为分析》第3版尚未定稿。引用内容如有出入，请以《应用行为分析》第3版为准。

的范畴之外，"有机体与环境的交互作用"（an organism's interaction with the environment）这个短语"避免了暗指行为是有机体的一部分，并强调了对互动状态的要求"（2009，P.31）。作者在第2版中详细阐述了该定义的这一关键部分。

行为不是有机体的特性或属性，它只是发生在有机体与其周围环境（包括有机体自身）存在互动的情况下。这意味着无论是真实的还是假定的，有机体的独立状态都不是行为事件，因为不存在互动的过程。饥饿或焦虑是这种状态的例子，它们有时会与所要解释的行为混淆，因为它们都未说明饥饿的或焦虑的有机体与环境之间的交互作用，因此不能被视作行为。

行为学里另外一个比较好玩儿而且有用的概念，要算是行为库存（behavior repertoire）了。关于这个概念，《应用行为分析》里是这样定义的：行为库存是指一个人能够做的所有行为，或者与特定情境或任务（如园艺、数学问题的解决）相关的一整套行为。

定义后半部分所说的"与特定情境或任务相关的一整套行为"，我们可以把它理解为行为技能（behavior skills）。一个人的行为库存约等于一个人所能表现的行为技能。这些行为技能包括了一个人所能做的一切，如能爬会走、能跑会跳、能说会道、能写会算、能研究、能思考、能骑车、能开汽车、能开飞机等。

在这里，我必须要强调，个体的行为库存并不是个体拥有的一个东西，它只是个体在相应环境下能够表现的一种行为可能性。它来自环境和行为的历史互动，也体现在当下的环境和行为互动中。任何时候谈行为都需要结合行为的历史和当下的环境。任何把行为割裂开来看的说法和做法，都脱离不了"物化"（Reification）的嫌疑。譬如，拥有某行为技能。而这是任何想要入门行为分析的人，首先要努力避免的。我在阐述行为、行为技能和行为库存这些概念的时候，为了大家理解和应用的方便，在这些概念里，多少渗透着一些"物化"的意思。在你理解了这些概念之后，在尝试着为自己或孩子增加特定的行为库存的时候，还是尽量不要把它当成一个人拥有的某种东西。

我们确实通过行为使我们的身体发生了一些变化，这些变化也是行为历史的结果之一。行为的历史不是行为，行为的历史对当下行为有影响，但要把这个影响体现出来，还需要结合当下的环境。

行为的历史所造成的我们身体的变化，并不是行为库存，而是生理学家、解剖学家和神经生物学家孜孜追求的那些物质性的变化，比如我们在前文所提及的神经可塑性的内容。

行为技能的习得、巩固与储备

我们的身体在改变世界，与此同时，世界也在改变（塑造）着我们的身体。这个改变发生在有机体行动时。

七个月大的我，眼前三米远，有一个会发光、发声的玩具。通过爬行，这个玩具离我越来越近，我知道我能把它抓握在手里。我爬行的行为改变了我的物理世界：那些本来远离我的、有趣的东西变得触手可及。

我在爬行之中，世界也在改变我：那个有趣的东西吸引着我，我不得不爬行；通过爬行，我的肌肉越来越有力量，我的动作也越来越协调流畅。我在不那么会爬的当下，爬行让我得到好玩的东西。我久经爬行，变成了一个会爬的人。所谓会爬，就是需要爬行的时候，我就能爬，而且爬得协调流畅。

我在一个学语的阶段，经由仿说，在看到薯片的当下能跟着妈妈说"薯片"。妈妈很开心，并把薯片给我吃。我的仿说行为改变了妈妈和薯片的位置。妈妈和薯片也在改变着我，经过几次重复练习，我在妈妈拿着薯片的当下，也能自己说"薯片"了，妈妈更开心了，给我薯片的速度更快了！但是第二天，妈妈再把薯片拿到我眼前的时候，我对着这个东西，又如同不认识一样。好在妈妈没有放弃，她再次"提醒"我，只小声说了"薯"，我就几乎同时地说出"薯片"。我命名薯片的能力越来越强，以至于我在任何时候、任何场合，无论它长什么样子，装在什么样的容器里，我都能如人所愿地自发而主动地命名它。妈妈说，我认识薯片了。就像爬行使我当下获得发光发声的玩具一样，我说"薯片"的行为让我当下看到妈妈开心的表情、听到她开心的声音以及获得好吃的薯片。经由无数次的爬行，我的肌肉越来越有力量，我的动作越来越协调流畅；经由无数次的仿说练习，我说得越来越主动，越来越准确而及时。主动和及时是无数次练习的结果，在练习中我的身体、说话的器官和肌肉组织以及跟说话有关的神经元在改变。虽然我并不尽知这些改变具体是怎样的，但我确实在练习中越来越能主动、准确而及时地命名了！

当下有使我行动的机会（环境中吸引我或者使我趋于逃避的事件），我有自发的或者在大人辅助下的行动，这些行动使我趋近我喜欢的东西或者逃离我厌恶的事件，当下的行动也在潜移默化地改变着我的身体。心理学家们把在身体上发生的、潜移默化中围绕行为能力而变化的这个现象，分为三个阶段：习得、巩固和储备。

所谓（暂时）习得：是指暂时由不能表现某个行为能力到能表现该行为能力的过程。譬如，由仿说命名到主动命名的过程。

所谓巩固：是指在相对较短的一段时间里，如一两天到一周，该行为技能时而能自发表现，时而不能自发表现的过程。

所谓储备：是指在相对较长时间里（一周以上）该行为技能总是能如预期地在各种适当的场合及时地表现出来的过程。

过渡到储备阶段的行为能力，我们也可以说，这个行为能力加入一个人的行为库存里了。

这个让行为不得不发生的场合，就是行为的机会；在该机会之下所发生的行为（自发的或者在他人辅助下的），我们可以称之为为获得行为技能所需要的练习。因此，一切行为技能无不经由暂时习得到巩固，再到储备这样的发展变化。之所以能发生这样的发展和变化，又无不由该行为的机会和练习本身促成。

所以，我们因为爬，而会爬；因为说，而会说！一切行为技能无不由行为本身的机会和练习而来，别无他途！

到此，我们可以这样认为，我们与环境互动的行为历史，一方面促成了我们身体的生理机能（可能也包括一些病理机能）的改变；另一方面为我们打造了一系列的行为库存（行为可能性）。我们借由这样两个层面的影响，再结合当下的环境，便可以解释（理解）人类当下的任何行为。

效果律与基本行为规律

如果我们不以现代行为学的完备观点来苛责前人的发现，那么，行为学历史上应该为爱德华·桑戴克（Edward Lee Thorndike）描上浓墨重彩的一笔。今天，我将在此以他提出的效果律作为接下来要阐述的基本行为规律的总纲。

爱德华·桑戴克提出效果律是基于这样的一个实验：他把猫关在一个封闭的笼子里，笼子的外边是猫粮。猫必须打开笼门的开关才能获得猫粮。这只饥肠辘辘的猫，当然不"了解"这个规则，恐怕我们也没有办法告诉它这个规则（当然，你可以告诉它，如果你愿意这样做的话），那么，可怜的猫怎么办呢？

它通过桑戴克命名为"试错"（trial-and-error）的行为解决了吃饭问题：它开始在笼子里乱窜乱跳、东冲西撞、上挠下抓，当然都无果而终。忽然，它的爪子偶然划拉了一下开关的门闩，结果笼子打开了。

桑戴克的猫终于吃到猫粮了。如果是猫自己可以做主，恐怕它再也不愿意回到这个让它试错的笼子里。但是，由不得它呀。它又被捉回笼子里。但是，猫似乎变"聪明"了。因为随着它一次次被捉回笼子，桑戴克发现，猫试错的行为越来越少，而直接去划拉门闩的行为越来越多，越来越直接。

桑戴克从猫的行为里看出了人类和动物学习的门道儿：要是我们的反应能得到好的、满意的结果，那么，我们大概率会重复这个让我们得到满意结果的行为；相反，如果我们的反应得到的是坏的、让我们恼火的结果，那么我们大概率会让这个得到恼火结果的行为消失。

《行为原理（第7版）》一书的作者对效果律有如此评价：效果律是心理学中最为重要的法则。在我们看来，效果律奠定了行为分析的基础，而行为分析奠定了最具价值的心理学的基础。《行为原理（第7版）》对效果律修正后的描述为：我们行动的效果决定了我们是否会重复这些行动。

经过以斯金纳[①]为代表的后人的努力，这个纲领性、旗帜性的行为法则

[①] 注：伯尔赫斯·弗雷德里克·斯金纳（Burrhus Frederic Skinner, 1904—1990），美国心理学家，新行为主义学习理论的创始人，也是新行为主义的主要代表。

衍生出八大行为规律：通过呈现强化物的强化依联；通过呈现厌恶刺激的惩罚依联；通过去除强化物的处罚依联；通过去除厌恶刺激的逃避依联；通过避免强化物呈现的惩罚依联；通过避免厌恶刺激呈现的回避依联；通过避免强化物去除的回避失去依联；通过避免厌恶刺激去除的惩罚依联。对以上这些行为规律，我们会结合生活实例一一解释。

接下来要想讲清楚这八大行为规律，我们必须先熟悉一个更为普遍的且体现在八大行为规律中的一个行为学概念。应该说，这个概念是整个应用行为分析领域最核心、最必要的一个概念。

这个概念的英文名词是"contingency"。到目前为止，中文译法还没有一个令人完全满意。在本书中，行为主义的生命观这个部分，我把它意译为"条件和机会"；在本节及以下部分，我则借用《行为原理（第7版）》中的译法，称作"依联"。

任何行为只有借助依联的概念，才是完整的、可以分析的、能被理解和改变的。那么，行为依联指的又是什么呢？首先，行为依联聚焦于所关注的行为，在应用行为分析里，行为是有明确定义的、可观察的、可测量的因变量。其次，围绕该行为，去关注它所发生的场合（或者行为发生前以及行为发生时的背景），在这个场合里，充满了影响当下行为的各种自变量（这些自变量体现在场合里的人、物、事之间以及人、物、事与行为者的交互作用中）。最后，是关联于该场合、该场合下的特定行为以及该行为对所发生场合里的人、事、物以及行为者自己的影响。简而言之，依联就是与特定行为密切相关的背景因素、行为本身以及行为对背景因素的影响三个方面。对于未发生的行为，依联是条件和机会；对于已发生的行为，依联是必然的因果，有导致、致使的意思。

依联就是行为背景、行为与结果在时间线上的递进关系。这个递进从严格意义上来讲，是无缝衔接，即使从临床分析的角度，需要把它们彼此割裂以便于我们理解，割裂也是以秒、以分计，不超过1分钟。在理解所有行为依联概念的时候，务必时刻牢记以上内容。也只有这样看待行为和它的依联关系，才能真正实现行为分析入门。

在对依联这个概念做了如上解释之后，我们就可以把体现效果律的八大行为规律依次做简要的、概念性的介绍了。

相关基本概念

通过呈现强化物的强化依联（正强化）相关基本概念

强化物（正强化物）：紧跟一个行为（反应）之后出现的，能够增加该行为（反应）发生频率的一个刺激。刺激可以包括事件、活动和条件等一切因素。

强化依联：依联于行为（反应）呈现出一个强化物，导致该行为（反应）出现的频率增加。

强化原理：如果在过去相似的环境下，强化物或者强化物的增加紧跟在一个行为（反应）之后，那么该行为（反应）将会以更高的频率出现。

通过去除厌恶刺激的逃避依联（负强化）相关基本概念

逃避依联（负强化）：依联于行为（反应），去除（或减少）一个厌恶刺激，导致该行为（反应）出现的频率增加。

逃避原理：如果一个行为（反应）曾经去除（或减少）了一个厌恶刺激，那么该行为（反应）出现的可能性就会增加。

通过呈现厌恶刺激的惩罚依联（正惩罚）相关基本概念

厌恶刺激（负强化物）：跟随在一个行为（反应）之后，（在行为背景中）被去除（终止）的一个刺激，该刺激的去除增加了该行为（反应）未来出现的频率。

惩罚依联（正惩罚依联）：一个厌恶刺激（负强化物）依联于一个行为（反应）呈现，导致该行为（反应）出现的频率减少。

惩罚原理：如果一个厌恶刺激（或者厌恶刺激的增加）紧随在一个行为（反应）之后，那么该行为（反应）以后出现的频率将会减少。

通过去除强化物的处罚依联（负惩罚）相关基本概念

处罚依联：依联于行为（反应），去除一个强化物（正强化物），导致该行为（反应）出现的频率降低。

处罚原理：如果紧跟在一个行为（反应）之后，强化物会失去或减少，那么该行为（反应）出现的频率将会降低。

反应代价：依联于行为（反应），去除实实在在的强化物，导致该反应出现的频率降低。实实在在的强化物（tangible reinforcer）是指食品、钱、分数、代币和诸如此类的东西。

罚时出局：依联于行为（反应），去除与一个强化物的接触机会，导致该行为（反应）出现的频率降低。

通过避免强化物呈现而带来的惩罚依联相关基本概念

避免强化物呈现而带来的惩罚依联（Punishment-by-prevention-of-a-reinforcer contingency）：依联于行为（反应），该行为（反应）防止了一个强化物的呈现，导致该行为（反应）出现的频率下降。

避免强化物的呈现的惩罚的原理（principle of punishment by prevention of a reinforcer）：如果一个行为（反应）过去避免了强化物的呈现，那么这个行为（反应）的出现频率就会减少。

通过避免厌恶刺激呈现而带来的回避依联相关基本概念

回避依联（avoidance contingency）：依联于行为（反应），避免呈现一个厌恶刺激，（对呈现厌恶刺激的免除）导致该行为（反应）的频率增加。

回避原理：如果一个行为（反应）过去避免了某个厌恶条件的出现，那么未来这个行为（反应）的频率将会增加。

通过避免强化物去除而带来的回避失去依联相关基本概念

避免强化物去除而带来的回避失去依联（Avoidance-of-loss contingency）：依联于行为（反应），避免了强化物的失去，导致该行为（反应）出现的频率增加。（该依联也可以被视为通过防止强化物去除的强化依联）。

通过避免厌恶刺激去除而带来的惩罚依联相关基本概念

避免厌恶刺激的去除而带来的惩罚（Punishment-by-prevention-of-removal contingency）：依联于行为（反应），防止去除一个厌恶刺激，（该厌恶刺激不得免除的效果）导致该反应出现的频率下降。

第二节 基本的行为规律

强化物概念以及强化原理的应用

儿童在喃喃学语的初始阶段，可能出现无意识地叫"mama"的行为，如果他的妈妈每次都在孩子发出"mama"时有意识地表现出惊喜，用充满喜爱的眼神望着他，嘴角微笑着夸孩子"聪明，会叫妈妈了"等，孩子在与妈妈互动的过程中叫"mama"的行为则可能会增加，甚至变成有意识的主动的行为。这个过程就叫作"强化"。妈妈在孩子发出类似"mama"的音节之后紧接着表现出的一系列行为变化（惊喜的表情，喜爱的眼神，微笑和夸奖的言语）可以称之为"强化物"。这里的行为变化体现为某种亲子关系，我们可以称之为"社会性强化物"。社会性强化物以注意为前提，以富有趣味的表情、言语、眼神、肢体动作为内容。

再如，某儿童看到放在高处的冰激凌蛋糕但自己又够不着，就哼哼唧唧，并冲着蛋糕的方向撞头，家长发现这样的现象，就拿蛋糕给他吃，他就终止了"哼哼唧唧并撞头"的行为。每每如此，只要他看到爱吃并想吃的东西，自己又拿不到，就会出现类似的行为，如果别人发现并稍微帮他拿得晚一些，他就更大声地哼唧，撞头幅度也更大。这个过程也叫作"强化"，家长在其"哼哼唧唧并撞头"行为之后出现的"把蛋糕拿给他吃"（甚至还兼有抚慰、安慰或教育的话语）的行为变化也同样称之为"强化物"。这里的强化物体现为给孩子某个具体的物质，我们可以称之为"实物强化物"。实物强化物以需要为前提，以满足需要的行为变化为内容。

又如，某儿童在游乐场玩滑梯，本来还轮不到他玩，他哭着喊着挡着推着别的小朋友，非要自己先玩。他妈妈没有办法，向别的小朋友和家长又赔不是又道歉，但仍然让自己的孩子得到了这个本来不属于他的机会。其结果是在类似的场合，只要不满足他的要求，他就会更变本加厉地哭闹不休。这个过程也叫作"强化"，家长在他"哭，喊，挡，推"行为之后出现的"向别的小朋友请求并代替他赔礼道歉"的行为变化给了他优先滑的机会，这样的事件也同样称之为"强化物"。这个强化物的作用体现为得到某个机会或者特权，我们可以称之为"机会强化物"。机会强化物也以需要为前提，以优先获得为内容。

上述强化过程都属于正强化的范例。什么叫作正强化呢？如果行为之后的结果是在环境中增加了某些成分（物质的、关系的，或者机会、特权等），这些额外增加的成分使得行为出现的可能性增加，这个原理叫作正强化。

关于强化物的理解、说明与应用

强化物是一个后知后觉的、必得于实践中验证并经过实践所证实的概念。它包含两层含义，第一层，作为强化物的事件（关系、实物或者机会等）必须发生在目标行为之后（相对紧随）；第二层，这样的前后相随的序贯联系在一段时间内必使目标行为增加或保持，不能减少。

强化物既然是后知后觉的概念，就应当与一般意义上的奖励有所区别。奖励在一般意义上有强化的功效，因为它往往发生在特定的目标行为（或作为这种行为所产出的结果）之后，一般来讲，也能激励被奖励的目标行为继续出现或者增加。但是奖励并不必然地等同于强化，其理解如下。

第一，奖励往往是施予者认为行为者应该喜闻乐见、恨不能多得的物质、关系或者机会等，但是，这两者有时候对应得并不那么贴切。强化物不仅是给予，还要观察在一段时间内这种给予的行为是否增加了预期的行为。如果作为奖励的给予不仅没有带来目标行为的增加，反而有所减少，甚至消退了目标行为，或者短期内看似有所增加，但长期来看实际上还是减少或者消退了目标行为，那么所给予的奖励就不能认为是强化物，甚至应当看作惩罚物。

第二，强化物是动态的、后验的概念，而奖励往往是静态的、预设的概念。对于维持必要的目标行为而言，强化物不是一个一成不变的事件，而是能随着消费的情况自动地增强或者减弱其效能。因此，为了维持一个必要的目标行为，需要对强化物进行及时甚至实时的评估；而奖励往往是先前就预设的，并且按标准一以贯之地执行的。

第三，与奖励相反的惩罚有时候反而可以作为强化物起作用。比如，我们一般认为批评是一种惩罚（注意这里是通用语义上的惩罚概念，而不是后面提到的作为行为原理的惩罚概念），但事实上正是老师对一个上课时做小动作的学生的批评造成了这个学生课堂上的小动作越来越多。

所以，当我们希望增加某预期行为而强化它时，一定要警惕一般语义上的奖励与行为分析领域中的强化物的区别和联系。尤其是当我们认为已经给了足够的奖励了，某预期行为却不见奖励的效果时，更要反思，所给予的奖励措施是不是强化物，如果是，它的效能如何。

影响强化物效能的因素

影响强化物效能的因素包括哪些呢？强化物的效能取决于下述几个原则：分别是依从原则（contingent）、即时原则（immediately after）、匹配原则（worthwhile）、剥夺原则（deprivation）。

依从原则

依从原则（contingent）中的所谓依从，指的是仅在预期行为出现以后才给予强化物。在给予强化物之前，应当确保没有任何非预期的行为发生。

如果不管预期行为发生与否，都可以随时获得强化物，那么预期行为反而会减少，甚至消失。所以，违反了依从原则，强化物的效能就会大打折扣，甚至不能再称其为强化物。

举一个简单的例子来说明这个原则。假设妈妈希望通过满足孩子玩一会儿喜欢的网络游戏来强化他按时完成作业的行为，但是这个孩子在现实中可以有多种途径获得这种满足，比如，他可以自己偷偷上网而不被发现；他可以通过向爸爸说一些讨好的话而获得；他甚至可以通过威胁姥姥获得这样的机会而又不被举报等。也就是说，获得一段时间的上网机会并不依从于目标行为（按时完成作业）出现。那么可以想见，妈妈的这个策略在实际实施中可能会打折扣，甚至受阻，或者压根儿不能成功。

同理，我们可以通过故意地违反依从原则达到减少或者消退问题行为的目的。在问题行为管理中有一个原理，叫作非依从于条件和机会的强化（Noncontingent Reinforcement, NCR），就是不管问题行为发生与否，都按特定程序给予强化物，结果问题行为就会减少。

如何判断依从原则是否体现在某特殊强化事件中呢？通过确认"该事件是否仅在预期行为之后出现"就可以来检测。如果该事件在且仅在某预期行为之后出现，那么这个强化物的给予就符合了依从原则，否则，就必然地违反了这一原则。

即时原则

所谓即时原则（immediately after），指的是在预期行为出现后立即给予强化物，越快越好。有两个例外的情况。

1. 立即给予某代表延迟的强化物（比如，一个图章、贴画等，前提是孩子能够了解该信号与延迟强化物的关系，比如以获得的不等数量贴画可以"买"到不等数量的心仪的东西），实际上说的是代币系统的建立。
2. 如果行为者可以描述行为与延迟的强化物之间的关系（如工作与工资），就可以理解为行为者可以做出规则指导下的行为。这主要对有语言行为能力的人才有效。

即时原则的效用是明显的。如果我们鼓励孩子用言语表达其意愿或要求，则要尽量在他表达之后的最短时间内满足其意愿或者要求，稍事迟疑，孩子可能用的就不再是言语，而是情绪表达（不分场合的叫喊哭闹，甚至是对自己或者他人的攻击性言语或行为）。如果此时再给予强化物（满足其意愿或要求），强化的就不再是合理的表达要求的行为，而是问题行为了。满足要求要趁早，否则就没有机会了，说的也是这个道理。

强化物分配的即时原则在针对孤独症儿童的特殊教育中尤其关键。在塑造儿童缺陷性的目光对视、模仿、联合注意、分享等行为时，如果不及时对通过辅助表现出来的预期行为加以即时的强化，那么这些行为就很难维持下来，甚至稍有不慎、强化不够及时，反而会强化了非预期性的行为，如注意力分散、不到位的模仿，或夹杂其他情况的模仿等。例如，在接受性语言训练中要求儿童对"看着我"的指令做出反应，儿童在听到该指令后（无论辅助与否）去注意并看着老师的时间可能短暂到我们都来不及强化这个行为，他的注意力就转移到别处去了。在注意力已经转移的情况下强化他注意的行为，实际上会削弱他对指令和老师的注意。也就是说，他会变得更不听从这个指令。再如，在接受性语言训练中听到"拍拍手"的指令时，如果儿童在拍手以后没有得到即时的强化，而是在他不自觉地又摸了一下头时才得到强化，那么在未来的该指令的训练中，他很有可能每次拍完手都去摸一下头。多年以来，在家长和特教老师们训练孤独症儿童的录像中，这样的案例并不鲜见。

即时原则很重要，但到底多长时间以内才算即时呢？一般而言越快越好，行为当下往往是指行为发生的同时或几秒之内。超过一分钟，通常我们认为肯定是违背即时原则的了！

匹配原则

所谓匹配原则（worthwhile）指的是分配的强化物与行为的复杂程度以及行为所需要付出的努力程度成正比，不多不少，物有所值。一般地说，考量匹配原则可以从行为和强化物两个角度去衡量。从行为的角度衡量，是看该行为是新学习的行为还是已掌握的行为，行为持续的时间长短、复杂程度、需要付出的努力程度等；从强化物的角度衡量，包括强化物的大小、渴求程度[1]以及消费该强化物所需时间等因素。如果行为和紧随其后的强化物是匹配的，则行为就容易习得和维持；如果是不匹配的则容易造成目标行为学习困难（强化物微不足道，而行为需要付出的努力太大），或者是强化物难以为继（强化物很大，但目标行为所需要付出的努力却很轻微）

---

[1] 注：以被剥夺的时间来衡量。

的局面（参考本节后面的举例）。

在对儿童的日常管理教育中，经常会出现强化物与行为所需要付出的努力程度不匹配的状况。比如，为了让孩子写作业，动不动就提出奖励他一个游戏机或掌上电脑。从一时的效果来看，他可能会有积极主动写作业的行为，但持续获得这样的强化物显然难以为继。同理，如果孩子好不容易写完了作业，却只得到了一片薯片或半片山楂片，他也很难继续维持努力写作业的行为。

在对孤独症儿童的特殊教育训练中，违反匹配原则的情况也比比皆是。同样是回合试验教学（Discrete Trial Teaching）中模仿拍手动作的训练，一个妈妈每辅助孩子完成一个回合的教学，就从一盒桃罐头里用勺舀出一大片桃子给孩子，没有几个回合，一盒罐头就报销了。孩子在辅助下完成拍手这个动作可能只需要几秒钟，但他在这个回合后消费掉他的强化物却需要两分钟。这就是强化物强度远大于行为所需要的努力程度的例子。同样是这样的训练，另一个妈妈则把一片薄薄的山楂片分成了16块。每次在十几秒的辅助孩子拍手以后需要花同样的时间把这1/16的山楂片挑出来强化孩子。这样做一方面违背了即时原则，另一方面，孩子甚至都没有感觉吃到了强化性的食物。这是强化物强度远小于行为所需要的努力程度的例子。这两种情况都不足以维持一个正常的一对一的回合试验教学的进程。

满足与剥夺原理

满足指的是行为者最近有没有得到强化物，得到强化物的时间越近，就越容易满足。剥夺指的是行为者离上一次得到强化物已经有多长时间，时间越久，剥夺越明显。所谓剥夺原理是指被剥夺强化物的时间越长，强化物效能越大。

剥夺原理告诉我们，要让一个强化物保持其效能，那它就不可以被随时地、轻易地获得。也就是说，强化物在日常背景中应该处于被管理的状态。在现实生活中，用强化物增强预期行为是很多家长和专业人员可以想到并能做到的策略，但很少有人有意识地管理儿童的强化物。从这个基本的事实出发，至少可以部分地解释为什么大家都在用强化策略，却不见得人人成功，甚至很多人彻底失败，不得不借助惩罚或强制措施。

剥夺原理提示把强化物管理起来至关重要。如何管理强化物呢？

在阐述强化物的管理策略之前，有必要解释一下，此处提到的强化物与之前和之后讨论的强化物的概念略有不同，这里提到的强化物更确切地可以称之为备选强化物，它们往往是儿童喜闻乐见的物质（如饮料或食品）、活动（如看电视、做游戏、运动等）、机会或特权（如优先权等），它们最有可能但不必然是促进某行为的强化物。

管理强化物的策略

管理强化物的策略有两个，即空间管理和时间管理。

空间管理：把儿童喜闻乐见的实物强化物分门别类地收集整理在专门的柜子里（柜子可以是透明的且放置于明处，也可以将其隐藏在某处），交代所有与儿童相关的其他家庭成员或照护人员，这些东西在什么样的情况下可以用来满足儿童。在训练中或在特殊目标行为执行的过程中，儿童才有可能接触到这些强化物；在其他任何时候，他们都应当没有机会接触到。

时间管理：对于儿童喜闻乐见的活动或机会的强化物可以采用时间管理的策略。也就是说，当儿童出现目标行为之后，才有机会获得一段时间的（具体因人而异，可以是一分钟、五分钟、半小时，或者一小时甚至以上）进行某个活动或享受某个特权的机会。而其他任何时间，儿童都没有进行这些活动或享受这些特权的机会。

管理强化物的前提是首先要知道哪些可能是强化物，以及哪个可能是最有效能的强化物。如何了解、收集并评估儿童的强化物呢？有如下几个策略。

1. 清单列举法。根据回忆中孩子对某物品、活动或机会喜好的程度，分门别类地列举五样东西，如零食、饮料、玩具、活动、游戏等。
2. 配对比较法。将清单中实物的（包括玩具）强化物分别两两配对，将每一对随机地呈现在孩子面前让他选择并消费（吃掉、喝掉或玩一段时间）。当所有配对都一一呈现之后，就可以得出每一个备选强化物被选择的频次，被选择频率越高者效能大的可能性越高。

3. 顺次选择法。将清单中实物强化物一字排开，让孩子从一个与众强化物相对等距的位置出发，去获得他最心仪的强化物。依次选择，直到全部选完或表示不想继续选择。此法又可以分为两种操作策略，一种是补充被消费掉的选择，即消费掉的强化物再被补充到备选库中，与其他备选强化物获得同样的被选择机会，重新待选；另一种是不补充被消费掉的强化物，某种强化物一旦被选择，备选库里就没有了，就没有再被选择的机会了。经过数轮次这样的选择试验，按照每一种强化物被选择的顺序号码取平均值，数值越低者，可能的效能越大。

除了上述原则需要考虑以外，还有一些因素在实际训练中也要着重考虑：容易分配（如果半天找不着或者拿不出，势必影响训练）；价格低廉（强化频率太高、价格昂贵的强化物用的时间久了，经济上吃不消）；不容易通过其他途径获得（强化物如果处于未被管理的状态，儿童就随时随地都有接近或获得的可能）；不产生与预期行为相竞争的行为（如用嚼口香糖奖励发音）。

应用强化原理需要注意的事项

强化物非物

强化物的英文原文为"Reinforcer"，指的是紧随行为之后出现，并能够强化该行为的一切。"Reinforcer"是动词名词化造就的单词，它是一个独立的单词，不是一个词组，不能拆分，也不存在内部的修饰关系。但翻译成"强化物"，就在语义上首先成了一个词组，是由"强化"和"物"两个词共同组成的。两个词分别有独立的意义，并且是拥有各自通用语义的独立词。词组通常具有修饰和从属的关系，比如强化物，自然地被理解为具有强化作用的某物，焦点集中在了物上。这种通用语义的理解对强化物这个专业术语的概念带来了极大的困扰，并在应用领域带来了片面性的危害。

然而强化物更多地体现为一个事件，一个因应着某行为的出现而变化了的环境事件。比如，拿竹竿打枣，枣子落下这个事件而非单纯的枣子是拿竹竿打枣这个行为的强化物，拿火柴棍儿打枣可能就没有这样的结果，所以从古到今没有看到有人拿火柴棍儿打枣。枣子落下是打枣行为的强化物，但如果枣子落在地上，那么，打枣的行为就出现了两个结果，一个是枣子落下没碎；一个是枣子落下碎了。如果大量落下的枣子碎了，恐怕对打枣的行为是个惩罚，至少也是个消退。后人就被激发出用床单接枣的行为。

物直接作为强化物的现象也有，比如某人看到一个成熟的桃子，伸手够来吃。桃子就是伸手够这个行为的直接强化物。但如果一个人因哭鼻子而得到了这个桃子，桃子本身就不是直接的强化物，而是"有人拿给他桃子"这个事件是他哭鼻子行为的强化物。

所以强化物可以是物，但绝大多数情况下它不是物，却被人误会成"物"。为了给这个专业术语正本清源，本节特别提出"强化物非物"。

管理者要变成一个有情有义兼有趣的人

很多人认为行为分析是用来控制他人的技术，这话只对了一半。行为分析如果不能够用来影响和改变他人的行为，那么，这门学问就失去了生命力。但是，行为分析绝大多数情况下是通过影响塑造或维持某行为的强化物而影响目标行为的，控制了强化物的分配，才能够影响目标行为。

然而强化物非物，尤其是在人际互动过程中，强化物更多地体现为人的语言、表情、动作、姿势等反映和传递关系信号的事件。既然如此，管理者自身在与被管理者互动中传递的反映强化或消退目标行为的语言、表情、动作和姿势就相当的关键。

设身处地地想，如果一个人对"我"始终温和、面带微笑，眼睛里充满着诚意、关注、欣赏和赞许，说的都是"我"最受用的话，指出"我"的缺点时也让"我"心服口服并不失面子，做的一切都在"我"最需要帮助的点上。那么，"我"能不喜欢他、敬重他甚至崇拜他？"我"能不学习他、效仿他、受他影响、为他改变？

再设想，一个人始终看到"我"就没有好气，眼睛里流露的都是鄙夷不屑，看到的都是"我"的缺点和问题，连"我"好不容易做好的一件事情他也要横挑鼻子竖挑眼，"我"渴望得到的他一点不给，"我"不希望得到的，他都硬塞给"我"或强迫"我"接受。那么，"我"是愿意和他在一起，还是得到机会就逃避他？

要影响和改变别人，就得从自身的改变做起。把自己变成一个有情有义又有趣的管理者，就不愁别人不改变。

"有情"在平时，得到"机会"就去"讨好"被管理者，跟他说温柔的话语。"有情"还包括微笑的嘴角、诚意关注的眼神、欣赏和赞许的话语、富有发展空间的批评、及时到位的辅助和帮助。

"有义"在危时，当被管理者出了问题、碰到麻烦时敢于担当、不推诿、不搪塞，救火在前、反思在后。立场坚定，原则分明。

"有趣"在有时，管理者不能总是一副严肃、不可接近的样子。有时候露个怯；有时候装个痴；有时候像天真的顽童，狂笑无忌；有时候像委屈的孩子，号啕痛哭。真性情的人最可爱，可爱的人自带强化物。

没有变化就没有强化

在孤独症儿童的强化行为训练中，有一种叫作回合试验教学的教学技术。它在每一轮次的教学活动中都延续着呈现教学刺激（比如，在"模仿拍手"这样的行为训练中就是先说"这样做"，然后示范拍手的动作）—观察行为反应—给予行为后果（强化或者消退）这样的回合。如果我们只是套用形式，在后果这个强化环节一直很平淡地重复"做对了，真棒！"，这样连自己都会厌烦，甚至开始怀疑这种教学方式。

并不是说了"真棒"就是强化，而是要审视自己有没有变化，就像我们在孩子出现问题行为时会不由自主地紧张、着急一样，如果没有自然的变化，那就人为地创造变化。但是变化不是凭空产生的，它应该应着教学目标和孩子的行为细节。注意到细节，就自然而然会有变化或者创造出变化。

以让孩子听从"起立"的指令（回合试验教学中接受性语言训练中的一个项目）来说，如果考虑到所教的并不是"站起来"的能力，而是一种配合的意识，就会注意到一些关键的细节。

1. 特别注意的是在发指令之前让孩子看到发指令者。
2. 孩子在发指令的时候而不是任何其他时候站起来。
3. 孩子起立后，发指令者给孩子一个强化物，然后让他坐下。

这个过程非常短，却包含了几个来回的互动，应当体现为几个不同的变化。

1. 孩子没注意发指令者：发指令者用一些声音、手势等引起他的注意，同时保持平静、严肃的表情。
2. 孩子注意到发指令者：发指令者呈现微笑的表情变化并发出言语指令。
3. 发指令者用期待的眼神和表情等待孩子的行为反应。
4. 孩子做出正确的反应：发指令者的表情变得喜悦开心，声调上扬，并给予实物强化。

这是有来有回的过程。如果发指令者已经注意到这四个变化了，那么这个"起立"的训练就不简单了。反过来讲，如果发指令者只是简单地认为其就是教儿童起立，或许就会漏掉这四个变化中的一两个。这样训练下来孩子也不会很有兴趣。所以不管是训练初级的项目还是高级的项目，都要特别注意和孩子在一起时，双方要有来有往。要观察孩子是不是注意到训练者了，他注意到训练者时，训练者应该怎么反应，他又应该如何回应训练者的反应，他回应之后训练者又应该给他什么结果，这是回合试验里特别强调的。只要训练者在回合试验里和生活中都把握了有来有回的细节，就会发现孩子进步很快，而且总是能够注意到训练者。

所以一个回合就像一部戏，有平淡的时候，也有小高潮、中高潮、大高潮。在这个过程当中，从孩子的角度看，他听到声音后可能会下意识地找声音来源，虽然他不一定是想主动接近训练者，但是一旦他看到训练者后，训练者的后续行为变化（和他说话、微笑和关注的眼神）对孩子的注意行为就是一种强化。如果孩子愿意看到训练者出现的这些行为变化，他就会持续地注意训练者。但孩子如果没看到什么变化，比如训练者没有任何反应或者面无表情地说"起立"，他可能就不会再注意训练者了。当他依从于训练者的指令"起立"了，训练者又会有不同但更强烈的行为变化，"真听话，老师（妈妈）好开心啊"，并流露出欣喜的表情。"起立"行为就好比一个开关，只要他一"起立"，训练者就有以上的变化，那他自然就会像"喜欢做"这个行为那样表现。

从训练者的角度来看，孩子注意和听从指令的行为无疑是教学行为的强化物，越是掌握了上述细微的变化，越是能把握孩子的行为。

反过来讲，如果敲桌子打板凳都不能引起孩子的注意，训练者就会感觉孩子没法教。实际上是因为在教的时候孩子没有做出过正确反应，训练者也没有帮助过他做出正确的反应，因此，教学过程中孩子始终得不到强化。这就代表孩子没有真正学习这个行为，这会消退训练者教学的努力，甚至导致训练者产生"教不了"这个孩子的看法。

没有节奏就没有强化

在做回合教学的时候只有变化还不行，节奏也很关键。操作一个简单的指令需要有来有回，但上述四个变化的强度是一样的吗？用的时间是一样的吗？都不一样。所以只强调变化还不成，还得把节奏感体现出来，应该是有张有弛，强化和观察的时候比较弛缓，注意和注意之间比较紧张。

差别强化及相关应用

差别强化

差别强化原理是指在同样（或类似）的环境背景下，个体可能有很多种行为表现，但只有某一种行为会得到强化，而其他任何行为都得不到强化，则该情境下该行为出现的可能性增加，而其他任何行为都将减少或者消失。

在某种特定情境下，使某一种行为得到强化而其他行为被消退的一种应用行为程序，叫作差别强化训练法。它包含三个特征：1. 在同一情境里，个体必须有两个以上不同表现形式的行为参与其中；2. 只有一个行为被强化；3. 其他的行为被消退。

很多人已经不记得自己儿时学习的错误，比如，虽然我们掌握了一定的词汇量，但还不能与相应的具体事物一一对应或者对应得不是那么好的时候，面对一个不十分熟悉或者还未完全掌握的新事物，自己当时的行为反应可能有误。比如，呈现一个橙子，幼儿可能会说橘子、苹果、土豆、洋葱等。

这个例子就涉及差别强化的原理。这个例子中的环境背景可能是这样的，妈妈拿一个橙子问孩子："这是什么呀？"（通常第一次妈妈都会直接告诉孩子实物的名称，但数次以后，很有可能这样问），孩子的语言行为反应可能是"土豆"（也许这两天他正学说"土豆"），也可能是"橘子"（可能最近他刚刚把"橘子"这个词汇和实际吃到的橘子建立了一点联系），也可能是"橙子"（这是妈妈的教学目标），也可能是孩子自创的任何其他词汇。在这样一个特定的环境背景下，这个还在学说话的孩子在已经有的一些语言行为库存（只是与生活中具体事物的对应关系还不牢固）的基础上，出现的行为反应可能不止一个。

在上例描述的情况中，妈妈会对上述种种可能的行为现象做出怎么样的反应呢？妈妈拿一个橙子问孩子："这是什么呀？"假如孩子说"土豆"，妈妈异常欣喜地夸孩子"哇，太聪明了，能看出这是一个土豆"，而且每每呈现橙子的时候，都强化孩子说"土豆"的现象，会发生什么样的结果呢？好在现实中并没有这样的妈妈，每一个心智正常的孩子也总能把自己语言的行为库存与具体的现实刺激一一对应而不至于混乱。

差别强化在日常生活中的例子屡见不鲜。譬如在家庭里，如果我们试图为孩子讲故事，而孩子可能会表现出专心听故事的行为，如支着耳朵、头偏向于您、眼睛盯着您、情绪随着故事的情节与您的表情和声音节奏的变化而不断变化。与此同时，孩子也可能表现出非您所预期的行为，如东张张、西望望，就是不看着您，或者抠抠鼻子、揉揉眼睛，或者小屁股在凳子上扭来扭去，一副坐不住的模样。父母对以上两种行为的处理方式可能也会不同，对待前者会讲得更生动，与孩子的情感互动将更为丰富，换句话说，父母可能会进一步用声音、笑容与愉快的情绪"强化"孩子的行为；

对待后者，则有可能停止讲故事，表情也不愉快，而当孩子表现出乖乖听话的样子，父母才会继续讲故事。假定孩子对听故事本身都还是有兴趣的，也就是说，讲故事的流程不被人为地中断是他们所期望的，那么父母对同一情境下的这两种行为的处理就是差别强化的典型例子：对于全神贯注听故事的行为给予强化（讲述完整的故事情节；声音带来的强化；表情变化、情感互动的强化），而对于其他任何非相关行为则给予消退（终止故事；终止愉快的情感互动）。其结果是孩子的预期行为得到加强，非预期行为减少。

再比如，在学校环境里，小艾通常都没有足够的耐心倾听别人，而一味地希望别人都来注意他。因此他经常不顾别人谈论的主题，喋喋不休地插入自己的想法、意见或主张。班主任教导大家，如果在这样的情况下，不要理会他的任何举动，既不因此对他怒目相向、呵斥有加，也不要因此而不欢而散。大家依然继续感兴趣的话题，努力维持原来未被打扰的状态，就好像他不存在一样。当他不再不分时机地表达自己的看法、观点或者唐突地插话、多嘴而耐心地倾听别人（关注讲者的眼神，时不时对讲者点头、微笑）时，大家都给他以赞许的目光与注意，并总是在他首次表现出倾听行为一段时间后及时给他发言的机会。长此以往，小艾越来越为大家所接受和喜爱，并很快成为小组活动的领导。

替代行为差别强化

替代行为的差别强化（differential reinforcement of alternative behavior，DRA）是常用的行为矫正技术之一，也是训练孤独症儿童沟通能力的基本手段之一。在同一情境下，儿童可能表现出两种行为，一种是社会可接受的行为，另一种则可能是问题行为或其他社会不可接受的行为，但这两种行为具有同样的功能。其中一种行为（通常是社会可接受的行为）被强化，而另一种行为（通常为社会不能接受的行为或问题行为）则被消退。这一程序叫作替代行为的差别强化。

例如，还不会说话的 3 岁孩子小艾，经常用跺脚哭、拿拳头砸自己的头，并且用头撞放饮料的橱柜等行为来获得饮料。跺脚哭、拿拳头砸自己的头，并且用头撞放饮料的橱柜的行为是一种社会不能接受的问题行为，其功能在于获得他自己够不着的饮料。这样的行为方式是他获得饮料的唯一方法。如果要干预这种类似的问题行为，管理者就需要了解能达到获得饮料目的的其他社会可接受的行为方式以及孩子目前的沟通和表达能力。

能达到获得饮料目的的社会可接受的行为方式至少包括（能力由低而高）以下几种。

1. 妈妈在身边并注意到小艾的需求，问他是不是想要饮料时，小艾用点头表示同意。
2. 妈妈在身边并注意到小艾的需求，问他是不是想要饮料时，小艾可以模仿说"要"或"饮料"等。
3. 妈妈在小艾身边但没有注意到他的需求，他看着妈妈，发出某种声音吸引妈妈注意，妈妈注意以后，眼睛转向饮料的方向，并用手指向饮料。
4. 妈妈不在身边，小艾暂时离开有饮料的地方，寻找妈妈，找到妈妈后，示意妈妈喝的动作并牵妈妈到放饮料的地方。
5. 妈妈不在身边，小艾暂时离开有饮料的地方，寻找妈妈，找到妈妈后，说"喝"或"饮料"，然后牵妈妈到放饮料的地方。
6. 不管有没有发现饮料，在有需要时小艾向家人表达"我渴了，想喝饮料"。

管理者除了需要了解上述（但不限于上述）在特定情境下为"获得饮料"所需要的社会可接受的行为方式以及该儿童目前的沟通能力和表达能力以外，还需要意识到，上述可被社会接受的行为方式有可能并不在这个孩子的行为库存里，需要从无到有地塑造该行为，并通过强化的方式维持该行为，使其成为孩子新的行为库存。

这个从无到有的塑造行为的过程，离不开辅助（关于辅助的教学，请参考相关章节），同时应当选择最接近儿童现有行为库存里的行为作为开始的目标。比如，本例中的儿童就可以从"社会可接受行为清单"的第一级"辅助点头表示同意"开始。

再如，在孤独症儿童的社会性缺陷症状里，有"把别人当作工具使用"

这样的条目，描述的是孤独症儿童在有需求时，把别人当作自己身体的延伸或一个纯物质性的工具的现象。比如，一个孤独症孩子想要外出，他通常会直接拉着大人的手，走向门的方向。如果大人依从孩子的方向，那么，大人的手就会被孩子抓着放到门把手上并被支配着做开门的动作。在这一过程中，孩子往往没有与父母的任何眼神交流以及其他表明意愿的手势或声音的互动，尽管他可能已经有语言了。

这一幕可能为许多家长所熟知，但孩子这样表达自己的想法或意愿的方式却并不为我们所接受，我们希望孩子能够看着我们并用语言说出他们的想法或意愿，即便没有语言，也希望他们在眼神关注的情况下用手势明明白白地表达。比如，走到您面前，看着您，而后转头指向门的方向，再回头看看您，或者把沟通本（图片）拿到您面前，并做上述动作。所有这些不同形式的行为都具有一个共同的功能：打开门外出。与直接拉着大人的手去做事情最大的不同在于，在后者的行为过程中，孩子是把父母当作一个可以给他提供所需帮助的人而不是一个顺手的工具。让孩子意识到周围人的存在并且意识到向周围人表达意愿的价值，是里程碑式的进步，而这一点绝对不是靠说教，而是靠实实在在的训练获得。

替代行为的差别强化策略对于普通儿童也同样适用，并且更容易执行。因为对于普通儿童而言，社会可接受的行为方式很可能早就储备在他的行为库存里了。在某个特定的情境下，他可能有时表现出社会可接受的行为方式，有时可能以社会不能接受的行为方式去获得某个强化物。对管理者而言，只要敏感而慎重地区分儿童的行为是预期的（社会可接受的）还是非预期的（社会不能接受的），并据此控制强化物的给予与否，就能够促进儿童朝着社会所预期的方向不断进步和发展，而其问题行为则会相应地减少和消失。

譬如，一个孩子上课时总是以插话、抢话的方式引起老师同学的注意。我们可以告知他举手发言的形式，并在他举手时才给予注意，让他发言或表演；而对于不举手就插话、抢话的现象则不予理睬。举手发言的行为其实很可能早就储备在这个孩子的行为库存里了，只是他插话、抢话的行为也能带来同样甚至更多的老师和同学的注意，他就越来越倾向于插话和抢话的行为。插话、抢话和举手是不同的行为形式，但具有同样的引起他人注意的功能。现在，管理者通过在孩子插话、抢话时不予理睬，并在他举手时及时给予注意，则问题行为（插话、抢话）在消退的同时，预期性的替代行为（举手）也得到了强化。因此，差别强化的程序是一种比单纯用消退法更为理想的行为矫正程序。（当然，如果在实施这个程序的时候，事先跟儿童说明规则，则此行为的改变就是双重控制下的行为改变，一重是规则控制的行为，另一重是依联控制的行为。）

相互抵制行为差别强化

相互抵制行为的差别强化（differential reinforcement of inhibited behavior, DRI）也是常用的行为矫正技术之一，常用于功能尚不明了的问题行为或者自我刺激行为的矫正。对于功能尚不明了的问题行为或自我刺激行为，我们很难找到功能相同的替代行为。不过，如果问题行为与另一种行为虽然在功能上不尽一致，但在形式上相互抵制，不可能在同一时间出现，那么，强化后一种行为就会自然消退问题行为（时间剥夺）。

诸如儿童常有的吮手指、咬指甲、抠鼻子等行为举动，这些行为的功能很难说清楚，也可能属于某种自我刺激行为。但不管怎样，这些行为和其他一些需要动手的行为（如手拉手做游戏、玩电脑或手机游戏、给同学老师或朋友发短信、练习弹钢琴或吹笛子、打羽毛球或乒乓球等）在形式上是互相抵制的。也就是说，一个人不可能同时既做 A 行为又做 B 行为。如果 B 行为是社会可接受的行为，那么，执行并强化 B 行为就等于消退了 A 行为。

值得一提的是，在引导儿童执行并强化从事 B 行为的时候，不要对终止 A 行为给予额外的注意，即不提醒儿童 A 行为。如果儿童在无所事事的情况下，如在沙发上发呆时出现吮手指、咬指甲或者抠鼻子等行为，可以不动声色地让他做一些他不十分反感的事情，如打羽毛球、乒乓球，或者玩抛接球游戏等。一旦儿童从事这些活动，则先前的行为就因无法去做而得以终止。

如果儿童在做一些需要相对较长一段时间才能完成的任务但又没有十分专注时，如他在做作业的过程中，出现吮手指、咬指甲、抠鼻子等行为举动，可以不动声色地检查他的作业进度，或询问他是否碰到困难或者需要帮助，让他回到写作业的状态上来。课堂上，老师也可以通过提问让他回到专注地听课的状态，以此打断他正在进行的不良行为。

差别强化其实还可以用于儿童自身管理，比如我们鼓励儿童主动意识到自己的不良行为，并通过转移活动的方式减少自己不良行为的频率。例如，儿童在咬指甲的时候，让他自己意识到这个行为并画一个记号，然后自己安排自己启动一个与该行为抵制的行为计划，如抄写英文单词或做一些简单手工等。若在写作业、听课时意识到自己出现了上述不良行为，画记号提醒自己回到写作业或听课记笔记的状态上来。

相互抵制行为的差别强化策略在矫正孤独症儿童常有的自我刺激行为或其他暂时不清楚其功能的问题行为方面是非常有效的行为管理措施之一。孤独症儿童较之于普通儿童或者智力落后儿童，出现与视觉、听觉、嗅觉、味觉、触觉和本体觉等刺激有关的刻板行为的可能性更高。比如，有的孩子会专注地盯着某处，并尝试从不同的角度去端详某个角落或标志，或者总是眯着眼、斜着眼看手里的东西；有的孩子喜欢闻东西，尤其是常人认为不可闻的东西，如闻他人的脚、头发、袜子等；有的孩子不管什么东西都喜欢放到嘴里品尝或咬；有的则总是表现出侧耳倾听什么的样子；有的孩子则喜欢用手来回摩挲一些东西的表面，或捻别人或自己的头发，有的甚至用嘴唇去蹭；有的孩子喜欢发狂似的蹦跳、转圈或坐在椅子上来回晃荡身体等。这些行为举动并不总是有寻求他人注意的功能，也多半不会由此获得什么实实在在的实物强化物，也非为了逃避任务。相反，这些行为往往在其独处时更容易出现。这些行为具有自我强化的功能（或者可以称之为自我刺激行为）。

如果要干预这一类的行为，最好的策略是发现或设计一些与该行为相互抵制同时又是社会可接受的行为，引导或者辅助孩子去做这些社会可接受的行为。另外的策略是利用区辨训练的原理，教会孩子区分这一类的行为在什么样的场合和时间是可以出现的，在什么样的时间和场合则是不允许的。除了这两个策略衍生的干预方法，其他的似乎都没有什么明显的效果。有人用增加行为代价或者阻断感觉刺激的方法消退自我刺激行为，如戴手套、头盔等，这种方式在科学研究上有一定的效果，但在现实生活中并不实用。

通过避免强化物呈现带来的惩罚（其他行为的差别强化）

避免强化物呈现而带来的惩罚依联（Punishment-by-prevention-of-a-reinforcer contingency）指的是，某行为（反应）防止了一个强化物的呈现，导致该行为（反应）出现的频率下降。

《应用行为分析与儿童行为管理》第一版中，这一节的内容属于差别强化这个章节。在此版，我们把它放在惩罚里说。一个是强化，一个是惩罚，而说的又是一回事儿，不免让人疑惑，但这也许正体现了学科发展的过程和结果。现在，我更认可用惩罚的原理解释其他行为的差别强化。

我们先来看一看其他行为的差别强化（differential reinforcement of other behavior, DRO）是什么。

其他行为的差别强化是消减问题行为的一种行为矫正技术，指的是在一段时间内，只要目标性的问题行为不出现，任何出现的其他行为都可以得到强化。换句话说，DRO 就是强化没有问题行为的行为。从上述定义来看，其他行为的差别强化（DRO）是以消除问题行为为核心，以强化"没有问题行为出现"的某段时间为手段的行为矫正技术。其关键在于确定目标性的问题行为以及确立合适的强化的时间段。

上述的定义有以下几个核心要点。

第一，目标的问题行为不出现的情况是一个很大的范围，这样的情况难以穷尽，难以描述，也难以控制。况且，我们的目标是减少问题行为，而不是强化任何不是问题行为的行为，假如问题行为是抠鼻子，个体在 3 分钟内没有抠鼻子，但是他在抠屁股或打盹儿我们也要强化这些行为吗？

第二，在一段时间内不出现问题行为，个体就可以得到某个强化物。这意味着，他可以常规地、可预期地获得某个强化物。

第三，如果在这段时间里，他出现了问题行为，那么，这个常规的、可预期获得的强化物就失去了。

第四，他确实出现过因表现出问题行为而失去强化物的情况。这造成了他出现问题行为的可能性减少。

所以，这不是一个强化原理的例子，而是一个惩罚原理的例子。我认为这样解释，更简单明了又符合常识。因此，本书再版时，采纳了这样的说法。

多长时间不出现问题行为就应该常规强化一次呢？确定给予强化的时间间隔是一个技术问题，不能主观设定这个间隔，也不能在确定这个间隔以后，刻板无变化地执行到底。说它是一个技术问题，是因为这个时间间隔的确立是建立在对目标的问题行为尤其是其出现频率的评估的基础之上的。不能主观设定说的是不能脱离这样的评估，单纯依靠管理者喜好预设时间间隔。不能一以贯之，说的是即使是建立在评估基础上的时间间隔，随着干预的进行，也应当随着行为频率的变化（一般是减少）而变化（一般是增加），而不是一以贯之地把初始的间隔执行下去。不能千篇一律，意思是说时间间隔因人因事而异，不能固定地以5分钟或10分钟等时间段对所有问题行为和特殊儿童都如是执行。

评估问题行为的频率有很多种方法（具体可参考问题行为定义的内容），包括定点观察法和随机取时观察法等。总而言之，要在一段时间内（如一周）观察某特定活动或行为背景下某目标行为出现的频率。然后，基于该频率确立强化的时间间隔（一般取频率的一半或者接近该频率的时间）。

比如，要矫正一个儿童上课随意说话的行为，可以根据他问题行为的频率，制定出干预措施，假设该儿童平均5分钟左右就会随意说话，就可以以5分钟为限，只要5分钟内没有随意说话的行为出现，5分钟结束时就给予强化（表扬他或给他代币性的强化物），不管此时他是在认真听讲，还是在做小动作或走神。

执行其他行为的差别强化程序

执行 DRO 程序有两种方法：按固定时间点强化法和依从于问题行为的时间段强化法。

固定时间点强化法

在确立了强化的时间间隔以后，强化的时间点就按照该时间间隔设置。每次固定的时间点上是否给予强化，取决于该时间点所在的时间段内有没有问题行为出现，如果在该时间段内任一时间点出现问题行为，则该强化时间点的强化被自动取消，强化的可能性顺延到下一个强化时间点。举例说明，有一儿童平均 5 分钟有一次随意说话的现象，强化时间间隔如果取 5 分钟（也可以是 3 分钟），一节课按照 45 分钟计算，那么，这节课有 9 个强化时间点。假设在每个固定时间段发生的随意说话的现象都在相应的时间线上，以斜划线为记号（参考图示 1-1），依据按固定时间点强化法的定义，则在第 1、2、3、5、6、7 等强化时间点上都不能给予强化，因为在这些时间点之前的相应时间段内都至少有一次问题行为发生。而在第 4、8 和 9 等强化时间点上则可以给予强化，因为在这些时间点之前的 5 分钟的强化时间段内，没有任何问题行为发生。

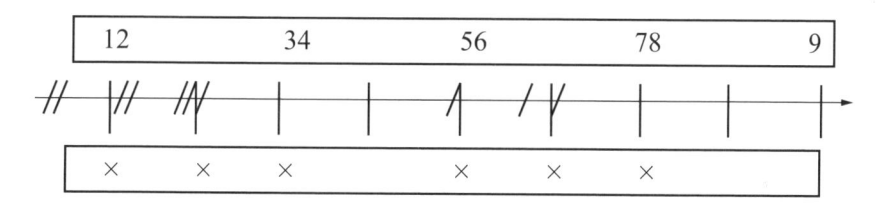

图 1-1　按固定时间点强化法（强化时间间隔为 5 分钟，一节课为 45 分钟）

重设时间点强化法

在确立了强化时间间隔以后，强化的时间点并不固定，而是依从于问题行为重新设定。在任何时间点发生行为问题，都以发生问题行为的那一时间点为原点，在所确立的时间段内继续观察（按照上例的情况，就是以发生问题的那一时刻开始，观察后续的 5 分钟内问题行为出现的情况）。如图 1-2 所示，在第一个给予强化的时间点（第 5 分钟）后，继续观察第二个 5 分钟内的情况；在第 6 分钟左右出现了一次问题行为，则以第 6 分钟这个时间点重新计时，仍然看该时间点以后 5 分钟内的情况，发现在第 11、16、

21分钟时都给予了强化。继续观察，在第四次强化以后的5分钟时段内的大约第4分钟时（相当于总时长的第25分钟）该儿童又出现一次问题行为，则以本次行为的时间点为起点，重新设定5分钟的强化时间段并继续观察。依此规律，直至本节课结束。

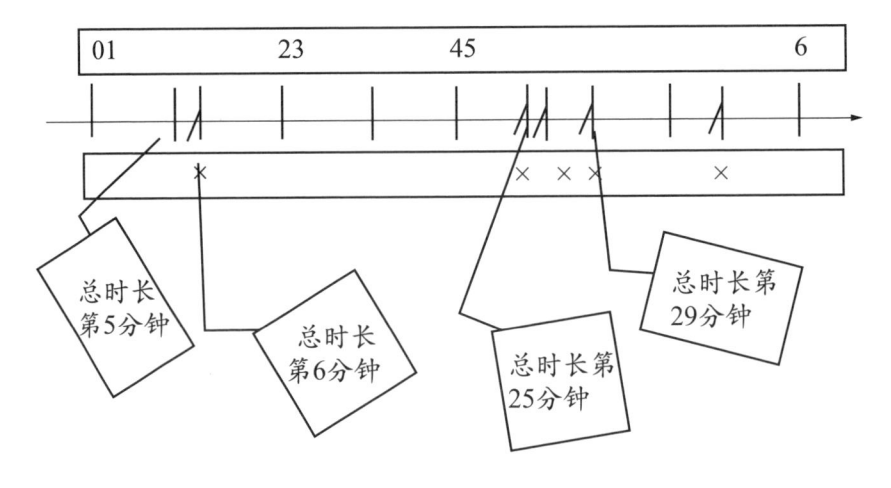

图1-2　按重设时间点强化法（强化时间间隔为5分钟，一节课为45分钟）

为什么要设置两种DRO强化程序呢？它们各自有怎样的优缺点？

固定时间点强化法的好处在于操作方便，不必重复设定和检查时间，只需要观察在预定的时间点之前有没有问题行为就可以，无须管这段时间出现了多少次问题行为。只要至少出现一次，那么，强化就顺延到下一个预定的时间点。这种方法操作起来虽然相对方便，但问题在于可能出现儿童没有被强化的机会的情况，即使他在相当长的一段时间（远远超过5分钟）内都表现很好，如图1-1中第二到第四强化时间点之间，儿童有将近9分钟的时间保持好的行为（或者不出现问题行为），但必须等到第四强化时点结束时才能得到强化。在平均5分钟就出现一次问题行为的频率下，这样的强化程序很容易让在不出现问题行为的时间内失去强化的机会，而失去强化的机会反过来会不利于问题行为的矫正。

重设时间点强化法要求每次问题行为出现以后都将时间归零，并重新计时5分钟。这种方法在操作上相对麻烦一点，而且需要观察到每一次问题行为。但是好处在于，每次问题行为发生后强化的时间点重新归零，使得问题行为对下一次可能的强化时间点的影响也归零，也就是说任何一个连续的 5 分钟内不出现问题行为，儿童都会得到强化。如果儿童在不采取任何干预措施的情况下，尚能平均保持 5 分钟不出问题，那么，该程序成功的可能性就比上一种明显增大。儿童得到的强化机会越多，他的问题行为相应的也就越少。

消退的概念和应用

消退是指某种被强化的行为一旦出现之后不再继续给予强化物，则该行为出现的频率就会减少，直至消失。消退法是按照消退原理设计的行为干预程序，是较为常用的消除或减少问题行为的基本技术之一。作为一种行为干预程序，消退法包含两个必要特征，一是在行为出现之后停止维持该行为的强化物的供给；二是该行为出现的频率下降。

例 1

人物：还不会说话的 3 岁儿童小艾。

目标行为：跺脚哭，拿拳头砸自己的头，用头撞放饮料的橱柜等。

要了解该小艾的目标问题行为，必须将此问题行为放置于前提－目标行为－后果的序贯联系之下，同时还要看历史上该序贯联系的发生以及发展情况。这两方面的工作就是一般性的功能分析过程（关于问题行为的功能分析在本书第三章中会有详尽的介绍）。为了避免赘述，我们假定已经做了充分的功能分析，并且得到了该儿童问题行为功能分析的总结资料。

问题行为发生前的环境背景：看到有想吃、想喝或想要的某件东西，但这件东西不在他触手可及的位置（高高在上、锁在玻璃橱柜里，或隔着不可轻易排除的障碍物），有家人（主要照料者）在房间里（不一定在放置东西的房间里），家人们有正在做的其他事务。

问题行为的描述和发展：在开始时主要是跺脚哭，偶尔以拳头打自己脑袋，后来发展到频繁地以拳头打脑袋，并且哭得越来越厉害，还出现以头撞向橱柜、墙壁，或者趴在地上撞头的行为。

问题行为发生时和发生后的后果事件：家人会过来安慰、哄劝小艾，同时把小艾够不着的饮料、食物或者某件物品拿给他。一开始，家人是猜测性地拿某件东西哄他，后来就直截了当地把他想要的物品拿给他。

通常，如果家人在他身边，他只是哼唧几下或轻微地打几下头就能得到家人注意，但如果家人在其他的房间里，或者没有注意到他哼唧或打头的行为，就会发展到跺脚哭，拿拳头打自己头，向墙上、橱柜上甚至朝地上撞头。此时，家人往往就能注意到，并跑过来满足他。

上述功能分析的总结显示，小艾问题行为的强化中，关键是获得了他想要得到的饮料（食品或其他物件）这个实实在在的东西。当然，在这一连串的强化中，还包括家人由不注意到注意，并且给予安慰、哄劝等行为。

按照消退的原理，欲消退该问题行为，必须停止强化物的供给。也就是说，不管他哭成什么样，打成什么样，撞成什么样，都不要在此时给予满足。只要足够硬心肠，而他又哭不坏，撞不坏，那么这个行为必将减少，直至消失。

但是这样机械而生硬地贯彻这个原理的做法，恐怕现实中会饱受诟病，而且其中也确实潜藏着不可控的风险：第一，孩子可能真的因此受伤；第二，如果孩子撞到家人心疼了，家人又会满足他。原理上行得通，现实中却不是一个好建议。原理不代表方法和技术，消退原理和消退法不完全是一回事。

那么，处理该问题行为的消退法具体如何操作呢？在现实中，可以采用消退联合差别强化可替代行为（DRA，见本章差别强化部分的相关描述）的途径：一方面，消退其问题行为；另一方面，塑造其缺陷的沟通和交流行为。例1中，当问题行为发生时，家长可以在同样的情境下及时来到小艾身边，但不是马上把他想要获得的东西给他，而是拿到这个东西后问："你是想喝果汁吗？"然后辅助小艾点头（如果他不会自发地点头），在他点头之后，迅速递给他果汁，并说："哦，你想喝果汁呀，给你。"在这个过程中，要及时到位地制止小艾的自伤行为，但不要给予言语的提示[比如，不要说"不能打（撞）头"，"会打（撞）坏（疼）的"等]，也不要安慰或者哄劝他。

同理，如果儿童有语言或会模仿语言，可以要求他用适合于他水平的语言表达出这个愿望或要求。

涉及派生于原理的方法和技术操作，往往都不是唯一正确的方法，也未必是唯一有效的途径，或者其本身还有很大的可改进空间。因此，欲消退上述问题行为，可能方法途径有很多种，但万变不离其宗，一定有消退原理的痕迹。离开消退原理的方法和技术，是不可能获得成功的，除非总能在问题行为出现之前就能够及时地满足儿童的要求，从而使问题行为没有机会出现。

例2

人物：5岁的儿童小兵

目标行为：摔碗、茶杯和鸡蛋等破坏性行为。

出于同样的原因，这里我们假定已经对该儿童的上述问题行为进行了功能分析并得到如下的总结资料。

问题行为发生前的环境背景：这种情况通常发生在家里，尤其是妈妈、姥姥、爷爷或奶奶等人在现场的时候。在小兵没有其他事情可做，家里人也都各忙各的，没顾得上看他的情况下，如果碗、茶杯或者鸡蛋在他可见的范围内，或者在他能够找到的地方，他就会把它们摔碎。即使家里人把它们都藏起来，他也能找到这些东西，拿出来摔。通常他找这些东西的时候都是悄无声息的，而一旦找到，就会很兴奋，蹦蹦跳跳，还发出一些怪声，把东西举高作势要摔。当家人发现，着急试图阻止时，他就会在家人阻止之前把它摔碎。

问题行为的描述和发展：两年前，他在无意中摔了一个鸡蛋。慢慢地，他开始故意摔鸡蛋，甚至发展到摔碗、茶杯等。

问题行为发生时和发生后的后果事件：通常家里人，尤其是妈妈、姥姥、爷爷和奶奶都会非常着急和紧张，试图去阻止、批评或教育他，甚至哄劝他不要这样做，偶尔也动手打他。他不仅不生气，常常还笑得前仰后合。家里人为此甚至不买鸡蛋，不用陶瓷的碗或杯子。他的爸爸通常不在现场，但在现场的时候，看到这种情况会很开心，甚至鼓励小兵摔，他觉得孩子这样气或逗妈妈等人是聪明的表现。

很显然，除了少数情况下，爸爸在现场的鼓励可能强化了儿童的问题行为以外，儿童摔东西的问题行为大多是与妈妈等人着急、紧张的情绪状态以及摔东西行为出现之前妈妈等人的身体、表情和行为变化密不可分。或者说，正是妈妈等人在摔东西之前以及之后的行为变化（主要体现为对儿童问题行为的注意的变化）强化并维持了该儿童摔东西的行为。

按照消退的原理，以寻求注意为功能的问题行为应该采用忽视的方式，即不管他摔什么，摔出多大动静来，周围人都表现出听不见也看不见的样子，不因他的问题行为而有任何行为的变化。这样，即使环境中有足够他摔的东西存在，他摔东西的行为也还是最终能够减少以至于消失。

同理，现实中单纯用这样的方式去消退问题行为，恐怕也很少有人能接受。眼看着贵重的瓷器任由孩子摔，还要表现出无关痛痒、事不关己的样子是很难的。这时候的消退法应联合不附加任何情绪反应的及时、坚定、恰到好处的制止，同时尽量减少他可继续摔的物件。

及时，意味着要快，但不可表现得心急火燎，紧张兮兮。

坚定，意味着沉着冷静、不逃避，不能表现得气急败坏或演变成嬉戏耍乐。

恰到好处，意味着施加到他身上的力量恰好阻止了他进一步的破坏性行为，不多也不少。少了，问题行为会继续，并且使管理拖泥带水，还可能会进一步强化了升级的问题行为；多了，则由帮助孩子控制其问题行为变成了惩罚他。而身体的惩罚往往是管理者在气急败坏的情况下做出的情绪反应，是对该儿童问题行为的高强度注意，因此，往往不仅起不到惩罚的作用，还常常使问题行为变本加厉。

例3

人物：8岁的儿童小淳

目标行为：讨价还价，赖在地上，以及扔或撕作业本。

假定已经对该儿童上述的问题行为做了功能分析并得到如下的总结资料。

问题行为发生前的环境背景：问题行为通常发生在妈妈提醒并要求他马上写作业的时候。他此时可能在独自安静地玩耍、在看电视、玩电脑游戏，或无所事事地躺着。妈妈发现他已经在做上述某件事情很长时间，而他的作业还没有做。

问题行为的描述、发展以及行为发生时和发生后的后果事件：妈妈提醒并要求他马上写作业时，他通常延续着之前的活动，似乎没听见。妈妈重复要求两到三遍的时候，他才会应答一声"知道了，待会儿"，但仍无行动的迹象。通常妈妈此时会走过来，做出要拉他的样子，他会躲避，但并不恼火，只是边躲边对妈妈说："写，写，再过5分钟就写。"妈妈交代一句："说好了，5分钟，5分钟以后自觉去写！"然后自己去忙别的事情，此时他并没有更多地搭理妈妈的这句话。过了一段时间（也许10分钟都过了），妈妈发现他依然无动于衷，生气地过来对他拉拉扯扯，并说："你太不自觉了，现在必须马上写作业！"有时候他这才磨磨蹭蹭地去写，有时候妈妈越拉扯，他越哭闹，在地上耍赖，不起来，妈妈急了打他、踹他，他也不起来。有时候被拉扯着到写字台边上了，也不主动拿书、拿笔，甚至给他拿出来他也扔了或撕了。妈妈让他捡回来他还扔，让他拿胶水粘好他能磨蹭半个小时。妈妈反映，"每每到这个时候都气得要发疯"，控制不住地想揍他，有的时候揍他一顿，他当时也能把作业写完。但下次还这样。

妈妈反映，通常都是自己管孩子作业的事情，爸爸没时间管，但偶尔管一次，他还挺听爸爸的话，没有这么费劲。爸爸总埋怨是妈妈惯坏了孩子，可是妈妈自己觉得从来都不宠着他，打也打了，骂也骂了，可就是不管用啊。

在要求儿童启动一件他不情愿做的事情时，儿童往往可能会表现出拖延、磨蹭或者逃跑、回避的行为，或者制造一点麻烦或困难（如小淳扔书和撕作业本的行为），吸引管理者去矫正新的问题，从而逃避或拖延了厌恶的事情。

那么，以"逃跑或逃避任务"为功能（强化物）的问题行为该如何消退呢？那就是坚定地辅助孩子坚持完成任务，在完成任务之前，不要让他以任何方式得以拖延和逃避任务。（具体做法可以借鉴本书第二章。）

使用消退法去干预问题行为，其前提在于确定目标的问题行为并分析其功能（也就是找到维持该问题行为的强化物）。

使用消退技术应该注意的事项

注意孩子的建设性行为、及时满足儿童的需求

被孩子的问题行为困扰，往往预示着管理者可能忽略了孩子在更多数时间内所表现出的预期的建设性的行为。初听起来似乎不可能，尤其是那些被孩子诸多问题行为搞得头痛和疲惫的家长更是觉得不可能有这样的事情。请看下面一个司空见惯的例子。

在操场的沙坑边上，在小区儿童游乐设施的附近，经常可以看见很多孩子以及看护这些孩子的妈妈、奶奶等照护者。通常孩子们或在一起玩，或自己饶有兴趣地玩，而他们的照护者们也三三两两地聚在一起。这个时候，如果仔细观察，经常可以观察到这样的现象：某孩子一边挖土，一边用土搭了一个类似房子的东西或一个简单的洞口，他会转过头兴奋地说："妈妈（姥姥）你看！"通常妈妈（姥姥）都没有注意孩子的这个反应，这个时候，孩子会提高嗓门，并拉长音调，再次说："妈妈（姥姥）你看——"此时的父母或其他照护者还是没有反应，或者仅仅是口头应承一下就了事。但孩子通常并不满意，其进一步的行动因人而异，但多数就具有问题性质了。比如，我曾看到一个三四岁模样的男孩把挖土的铲子一扔，气冲冲地走到姥姥面前，厉声说"闭嘴"并将姥姥推了一个趔趄。姥姥此时才回过味来，忙不迭地夸孩子"做得好，做得真棒"。值得一提的是，这样的现象在所有为人父母的身上都是时常发生的。

孩子吃饭时如果不挑肥、不拣瘦、不掉饭粒、不磨蹭，大家就会各吃各的，甚至没有人会注意到还有个孩子也在同自己一起吃饭。可是如果一旦孩子开始变得挑肥拣瘦、把饭撒得到处都是，或者磨磨蹭蹭、边吃边玩，而恰好家长正等着全家吃完饭赶紧收拾妥当后做点自己的事情时，恐怕家长紧盯着的肯定就只是孩子的问题行为了。很多家长都会反映，孩子催一催，动一动，你不嚷，他不吃，似乎只有这样他才能够吃得快点。

如果日常对孩子的建设性行为不够敏感，孩子出现问题行为的概率就会大大增加，而一旦出现了问题行为，就事论事地夸奖、训斥或惩罚，都不是一个有效终止该行为的办法，甚至会强化并维持问题行为。

好的家长并不总是严厉苛刻地盯着孩子问题行为，而是对孩子需求敏感。只有平时满足了孩子，消退时才能有底气、足够坚定。反过来，孩子不管提什么要求都首先拒绝，当孩子出现了委屈、哭闹甚至自伤或攻击别人的时候，才反思自己是否太过刻薄的家长，这样往往会塑造孩子一大堆的行为问题。在本书第二章中主动满足孩子不会惯坏他的观点，体现的就是这个道理。

坚决、完整地贯彻执行消退法

在临床当中我们也有很多使用消退法失败的案例。经过分析，我们发现对使用消退法信心不足，顾虑重重，导致了消退程序执行得不彻底，是使用消退法失败的主要原因。比如，某3岁男孩，每当被父母放到床上时就大哭大闹、不睡觉，父母每天都要花1~2个小时安慰他，让他安静下来。通过观察发现，父母在睡前对他的安抚与注意是维持该问题行为的强化物。治疗师建议采用消退法：临睡前告诉孩子自己睡觉，并坚决离开孩子的卧室，如此3~5天后，孩子就有可能在上床后很快安静入睡。

但是如果父母对这一程序心存顾虑、犹豫不决，那么当孩子睡前的哭闹行为没有按预期的那样消失，反而加剧的时候，就会忍不住过来哄一下。或者父母虽然有意坚决彻底地纠正孩子的哭闹不睡行为，但爷爷或奶奶看不过而过来安抚孩子，都会导致孩子的问题行为升级，并越发难以纠正。结果是孩子的哭闹行为更厉害了，还不如不听从治疗师的建议。其实，并不是治疗师的建议本身有什么错，错就错在治疗师没有很好地考虑父母及其家人在该建议上的执行能力。如果有充分的理由相信一个建议不能够很好地被理解和完整地贯彻执行，那么这个建议应该缓行，并应首先考虑其他可行的措施。

使用消退法，要让所有与孩子有关的人士都明白当前的矫正程序与原理并一致地坚决执行才能在短时间内就产生效果，否则有可能会适得其反。

理解并忍耐可能出现的消退爆发现象

消退爆发（Extinction Burst）指的是在开始实施消退法的时候，行为反应不减少反而短暂性地增加或者出现新的非预期行为的现象。

例如，一位学者每天要穿过两道虚掩着的门去工厂上班。假设这两道门在一个月以后又由虚掩变为实锁，出现变化后的第一天，这位学者照例来到了第一道门，他会有怎样的行为呢？

可以想见，他会用惯常的力量推这个他以为仍虚掩着的门，就是那么轻轻一推，比平时不多一分力，也不少一分力。惯常他的力度到这个份上，门就会打开让他通过（强化了他推门的行为）。他会不会用更大的劲儿？他会不会用脚踹一下？他会不会在嘴里嘟囔几句脏话？如果一切顺利如预期，他肯定不会，但是现在门被锁了（消退了他轻轻推门的行为），上述行为都有可能发生。而上述行为中有的是行为频率增加、有的是行为幅度增大、有的干脆是全新的行为，这些因为消退而暂时出现的行为变化，都称之为消退爆发。

并不是所有被消退的行为都会有消退爆发现象的发生，实际上，这种现象出现的概率只有 1/4 左右。但是了解这种情况出现的可能性会增加执行的信心，否则可能引发不必要的焦虑，甚至因此而终止程序的执行。

在塑造原理中我们会了解到，消退爆发并非全部是坏事，新的接近目标的行为就是在消退旧的、已经习得的行为的基础上通过消退爆发实现的。

消退不等同忽视

消退是针对维持问题行为的强化物而言，但不是所有问题行为的功能都在于引起他人注意。只有当问题行为的功能在于吸引他人注意的时候，忽视才等于消退。只有通过行为的功能分析才能够了解问题行为的功能或维持问题行为的强化物是什么。

正确理解"忽视"

忽视的含义是当作什么事情都没有发生一样，自己原来在什么状态还是维持在什么状态，没有任何变化。如原来在看书，继续看书，而不是把书放一边生闷气；原来在跟别人聊天，继续聊，而不是受孩子干扰中断聊天去阻止或批评他，或者中断聊天后扭头不理会他。应着儿童寻求注意的问题行为而发生的任何行为改变都是一种变相的注意，是对忽视打折扣的行为。有一位孤独症儿童家长，来诊室前答应孩子看完病去吃肯德基，结果家长在跟医生交流孩子的问题时，孩子不时地插话进来提醒家长和医生去肯德基的事情，若没有人理会他，他就会边提醒边拉扯家长或者医生。拉扯家长时，家长每每中断与医生的谈话，要么和颜悦色地反复保证，要么吹胡子瞪眼地呵斥，甚至威胁没有肯德基吃了；拉扯医生时，医生既不因他的拉扯而动，也不因他的拉扯而转目看他，依旧如没有什么事情发生一样努力听家长的话，或者努力把自己想表达的意见传达给家长。结果，他越来越少地拉扯医生，而越来越多地拉扯家长，家长也越来越失去耐心，越来越多地威胁"再说一遍就没有肯德基吃了"，其结果是孩子越发地拉扯家长并哭着要求去吃肯德基，以至于家长连听医生说话的能力都丧失了，更别说继续表达自己的想法和问题了。还有的家长不理会孩子时总是做出一个把脸扭到一边的举动，结果孩子就跑到家长扭脸的一边，家长又把脸扭向另一边，如此反复。搞得孩子越来越纠缠，家长越来越狼狈。

消退常采取联合措施

如果采用消退程序处理问题行为时出现可能妨害行为者或他人安全的情况，就不能再简单地使用消退法处理该问题行为。比如，一个3岁儿童在大街上跑，边跑边回头逗他的照护者。很显然，该问题行为的功能在于引起照护者注意，照护者越是注意（紧张、呵斥、表情变化），儿童就越是跑得欢。此时，就不能采取单纯的忽视消退法，而是不带任何附加情绪地迅速将儿童带离危险境地。在此过程中，不要跟儿童有言语和目光接触，更不能大呼小叫地追他喊他。

惩罚原理以及应用中的注意事项

惩罚原理在行为科学领域是很重要的研究课题，但不是本书重点介绍的内容,原因有三。

第一,针对一个目标行为,如果有其他途径或者措施能达到同样的效果和目标,那么就不用惩罚性的举措。在应用行为分析领域,无论是就减少还是增加某个目标行为而言,都有许多非惩罚性的措施可以尝试。

第二,与强化理论相比,惩罚理论的定义和地位目前尚有争议。有观点认为它是与强化相对的基础性行为原理,但也有观点认为它只是负性强化理论的衍生品,行为受到抑制是与被惩罚的行为相互抵制的行为被负强化的结果。

第三,尽管惩罚(的措施)通常是抑制某行为反应(或其频率)的,但是在某些情况下,它甚至可能成为维持该行为的强化性因素。比如,家长针对儿童的某个特定问题行为,有时候给予惩罚性的措施,有时候又给予了强化的措施,在一定程度上,相当于变相地模拟了间歇强化(按可变比率)的程序,则问题行为非但不能减少,反而会被长期维持,甚至可能局部增加。

按照艾之润等人(Azrin & Holz, 1966)的观点,惩罚是依从于某行为之后的事件,该事件将减少该行为出现的可能性。

按照斯金纳(Skinner, 1953)的观点,惩罚是基于某行为而呈现负性强化物或撤走正性强化物的过程。

这两个观点各有优缺点,但均不能全面完整地解释惩罚的原理。

前者最主要的问题在于不能解释泛化过程中泛化不足或泛化缺陷的现象。比如,在一对一教学环境中,老师教会孩子指认红色的行为,但在生活中,孩子在要求下指认红色的行为却不出现或很少出现。这个过程中似乎没有采用常规意义上的任何惩罚措施,但其习得的行为却有明显减少的现象。通过泛化训练,该行为才又增加并维持下来。

后者显然是基于负性强化原理衍生的概念,避免了在行为科学中增加所谓惩罚物(punisher)这样一个新的概念。但是,后者关于惩罚的概念却暗示在一个惩罚性的"条件和机会"(contingency)中所利用的任何刺激都首先应该是一个被证明可作为负性强化物的刺激,而这与事实并不能一一对应。

借此,再提一提行为分析领域关于刺激的概念,这一概念无论在专业领域还是普通语义上都有很大的歧义。

首先，在行为分析领域，刺激泛指一切事件（物、事、人以及物、事、人之间的关系或关联）。目标行为发生的环境背景可以被认为是刺激，目标行为本身也可以被认为是刺激，行为发生后出现的强化物或厌恶刺激也可以被认为是刺激。但是，有的学者为了区别围绕目标行为前、中、后序贯联系着的环境事件，把目标行为发生前的因素统称为刺激，把目标行为统称为行为反应，把后续的事件统称为强化物或厌恶刺激，使得刺激的概念狭义化。

其次，在应答条件化中经常用传统的 S→R 公式反映行为作为刺激的直接结果，是由刺激直接引发。一般的反射行为（生理的或病理的，神经系统的或情绪的）都是由内外环境直接引发，而且不受主观意志的控制。

最后，通用语义上的刺激，通常都与负性的或恶性的生活事件相关。说一个人受了刺激，可能是说他受了打击、批评、挫折，遭遇了不良待遇等。刺激还有惹怒、激动和激励的意思，如"别刺激他""惊险刺激"等。

惩罚原理和消退原理在应用上的区别

通过惩罚原理减少目标行为的应用技术与通过消退原理减少目标行为的应用技术在本质上是有着明显的区别的。若希望通过消退的原理减少某目标行为，其前提是通过对目标行为进行功能分析并掌握维持目标行为的强化物（问题行为的功能），通过不再继续给予该强化物来实现消退目标行为的目的。而正惩罚是依从于目标行为本身，通过呈现行为者讨厌或厌恶的额外刺激实现减少目标行为的目的，不考虑目标行为的功能是什么。

为了区别上述原理衍生的各自的行为干预技术，我们以消退原理中提到的几个问题行为为例。

例 1

人物：还不会说话的 3 岁儿童小艾。

目标行为：跺脚哭，拿拳头砸自己的头，以及以头撞放饮料的橱柜等。

如果采用消退法，就应当对该问题行为进行功能分析，发现该问题行为的功能（强化物）在于获得他想要得到的饮料（食品或者其他物件）这个实实在在的东西。因此，可以采用消退联合差别强化可替代行为的技术，一方面在他出现问题行为的时候把他想得到的饮料把持住不给他；另一方面，教会他通过手势、点头、摇头，或者语言要求等这些社会可接受的行为方式获得该饮料。

如果采用惩罚，则不必费力去分析问题行为的由来及其功能，打一巴掌或者踹他两脚就齐活。

例 2

人物：5 岁的儿童小兵

目标行为：摔碗、茶杯和鸡蛋等破坏性行为。

如果采用消退法，应当首先对该问题进行功能分析，通过功能分析了解到该问题行为的功能是寻求他人注意。那么，消退法就应该是尽量减少对他问题行为的注意（即忽视他的问题行为），同时又及时、坚定、恰到好处地制止，并尽量减少他可继续摔的物件的措施。

如果采用惩罚，同样不必费力去分析问题行为的由来及其功能，打一巴掌或者踹他两脚也能齐活。

例 3

人物：8 岁的儿童小淳

目标行为：讨价还价，赖在地上，以及扔或者撕作业本。

如果采用消退法，首先通过功能分析了解到问题行为的功能在于"逃跑或者逃避给他的任务和要求"，采用消退法就要坚定地辅助孩子坚持在完成任务的轨道上，在完成任务之前，不要让他以任何方式得以拖延和逃避任务。而如果换用惩罚，还是那三拳两脚的活。

由上可见，消退法是技术含量很高的一种行为干预措施，而"老百姓"的惩罚则几乎没有任何技术含量，也难怪消退法非较高素养的专业人员执行而难获成功，而惩罚则是寻常百姓的家常便饭，手到擒来的一招。

既然惩罚可以这样简洁明快地处理问题行为，为什么不鼓励惩罚的措施呢？惩罚的问题出在哪里呢？问题在于惩罚，尤其是身体或者精神性质的正惩罚（躯体或情感的虐待）虽然有可能立即终止问题行为，但其代价也惨重。

第一，被惩罚者会厌恶或回避惩罚者。

第二，可能激发暴力反控制。

第三，可能引起各种不良的情绪反应。这种不良的情绪反应可能是双向的，惩罚者可能会有懊悔，自责；被惩罚者可能会有焦虑、抑郁的反应。

第四，惩罚不是一劳永逸的措施，惩罚终止，不良行为倾向再生。

第五，惩罚在开始的立竿见影的效果会负强化惩罚者的惩罚行为，正如家暴之循环发生，不可遏止。

第六，惩罚虽有让问题行为迅速消失之便捷，却也有最终导致关系紧张甚至破裂的长期恶果，只是这恶果来得太慢，于当前的人们不足以构成任何警惧。

处罚原理与罚时出局

处罚原理是指某个行为（反应）发生后，原本拥有的强化物会失去或减少，那么该行为（反应）出现的频率会降低。

罚时出局（Time-out）的英文本意就是把一段本该属于他/她享受的时间取出来、拿走，使他/她不能再享受。作为一种处罚措施，罚时出局的应用需要确定行为者当前所处的情境必须是他/她所留恋的、喜欢的，而不是急于摆脱或者逃避的。只有如此，当他/她出现某种问题行为以后，我们让他/她从当前的环境里离开一段时间才可能会减少将来问题行为出现的可能性，从而才能称之为一种"处罚"，否则，就可能成为一种强化措施。比如，在课堂上，有些老师动不动就罚孩子出教室，以为这是对孩子的处罚，殊不知孩子早就厌倦了教室环境，罚他出局正是求之不得。

罚时出局是应用相对较多的一种减少问题行为的技术，共有三种形式：第一种表现为打断强化性活动（看电视、玩游戏）；第二种表现为旁观但不能参与强化性活动；第三种表现为从强化性环境中隔离。

打断强化性活动的案例：

> 强强看电视的时候妹妹无意中挡着他，他对妹妹不礼貌，生硬地把妹妹推倒。妈妈走过来，把电视关掉半小时。这期间，强强如果哭闹则不予理会，如果他追着打妹妹则给予坚定的制止，如果他马上说"我改了，以后再也不推妹妹了"，则回应"我很高兴你能认识到你的错误，但我要看你下一次的行动"，但不能马上把电视打开让他继续看。

在此，罚时出局的时长要根据问题行为的性质、程度、儿童对强化性活动的喜好程度，以及对罚时出局的耐受程度等而有所不同。一般而言，既让问题行为减少直至消失，又不至于因剥夺太久而让儿童对喜爱的活动丧失兴趣，在这个平衡点附近的时长最为合适。如果一开始不好把握，可以试探着剥夺一段时间，如本例中的半个小时。半个小时后，如果儿童能主动要求打开电视同时不再出现任何问题行为，那么，这个时间段就是合适的。如果他一直持续着行为问题（哭闹或伺机打妹妹），或者虽然没有什么问题行为了但开不开电视已经无所谓了，那么这个时间段就有可能太长。时间稍短一点（如5分钟）可能更有助于他减少问题行为，因为这个时长对孩子来说比较能够耐受，而且喜爱的节目有希望持续，时间太长的话也许他喜欢的节目已经完毕，他看不到还能看节目的希望，问题行为发生的频率反而更高，问题行为的程度也会更强。

旁观但不能参与强化性活动的案例：

乐乐在幼儿园和小朋友一起玩老鹰捉小鸡的游戏，她非常喜欢这个活动，尤其喜欢当鸡妈妈。但是轮不到她当鸡妈妈时，她总是冲着其他当鸡妈妈的小朋友嚷嚷，还说当鸡妈妈的小朋友是笨蛋。幼儿园老师让乐乐暂时离开游戏3分钟，在旁边观看其他小朋友游戏。如果在这3分钟里，乐乐停止了对别人的言语侵犯，老师就允许她重新加入这个集体游戏，如果她在3分钟里继续出现类似的行为，则继续延长3分钟。直到某个3分钟的时间段内她没有出现任何类似的言语侵犯，再重新邀请她加入游戏。结果乐乐在集体游戏的场合对别人言语侵犯的行为减少。

从强化性的环境中隔离的案例：

欢欢喜欢在游乐场玩耍，但是在滑滑梯时一个比他小的小朋友不小心碰了他一下，他不依不饶、追着打小朋友。妈妈见状将欢欢抱离游乐场，即使他央求妈妈再让他玩一会儿，妈妈也不理会。

相对于消退法，罚时出局有不必分析问题行为功能之便利，也需要注意其行之有效的一个前提是确信儿童在出现问题行为时身处一个强化性的环境中（该强化性环境并不是或者不一定是其问题行为的强化物）。不管什么原因，只要该儿童出现任何问题行为，都会因此被剥夺一段继续享受当前强化性环境的时光。如果当前的环境对该儿童来说不是他喜欢的，而是他讨厌的或者想逃避的，那么这个时候"罚时出局"往往是强化问题行为的举措。比如，某儿童在某位老师的课上总是接老师话茬或故意弄出一些怪动静，而每当他这样，老师就罚他到教室外站上5分钟，刚被请进来，他又接话茬或出怪声，结果该儿童几乎一节课都是在教室外待着。在诊室里，该儿童反映他最讨厌那个老师的课，要不是怕老师告诉家长他逃课，他甚至愿意离开教室到别的地方玩一玩。

与"罚时出局"（从喜欢的活动中分离）相对应的是"重新上场"（Time-in），也就是继续他喜欢的活动。这涉及两个关键问题，一个是多长时间之后得以继续原来喜欢的活动,另一个是基于什么样的情况才得以继续。

关于罚时出局罚多长时间合适的问题,因人因情况而异。关于什么样的情况(或者在罚时出局这段时间内有什么样的行为反应)让他"重新上场"的问题,不同的专业人员有不同的操作策略,常见的有以下几种。

(1)基于"重新上场"时间点前后有没有目标的问题行为。

比如,某儿童因某目标行为被罚 5 分钟出局,那么在 4~5 分钟这个时间段内看该儿童还有没有导致罚时出局的目标行为出现。如果没有,那么在 5 分钟的时间点上他就可以得到机会继续他喜欢的活动。如果在 4~5 分钟的这个时间段内该儿童出现了目标行为,那么可以有两种对应的措施,一种是重新设定另外 5 分钟的罚时出局;另一种是基于在 4~5 分钟内出现的最后一次目标行为继续顺时延长 1~2 分钟。如果在延长的这段时间他没有出现导致罚时出局的目标行为,则在延长时间的终点立刻让他继续喜欢的活动。

(2)基于罚时出局时间段内有没有目标的问题行为。

以上例说明,基于罚时出局时间段内有没有目标的问题行为,就是看在罚时出局的这 5 分钟内,该儿童有没有出现目标的问题行为。如果没有,那么在罚时出局的终点时刻让他得到继续喜欢的活动的机会。如果有,也同样有两种应对的策略,其一,不管在这个时间段内出现多少次问题行为,他得以继续喜欢活动的机会都顺延到下一个 5 分钟的时间段,也就是说看从他被罚时出局的那一刻起到第 10 分钟之间的那 5 分钟的情况;其二,在这个 5 分钟的时间段内,任何时候出现目标行为,都以出现目标行为的那一刻开始重新设定 5 分钟的罚时出局的时间。两种策略中儿童能否获得继续喜欢的活动的机会,都是要看在决定给他这样的机会之前是否有 5 分钟的时间内没有任何目标行为出现。

(3)基于重新上场时间点前后有没有问题行为。

(4)基于罚时出局时间段内有没有问题行为。

上述(3)和(4)与(1)和(2)的操作类似,只不过更为严格一些。(3)和(4)强调在所观察的时间点和时间段内,儿童不仅没有目标的问题行为

（也就是之所以被罚时出局的那个问题行为），而且没有任何问题行为（即儿童在该时段或时间点的行为和表现都是社会可接受的方式）。

逃避原理（负强化）的应用

我们在开车或者坐车时，前排的驾驶员或乘客如果在汽车启动后没有系安全带，那么车内就会有"叮……叮……叮……"持续的警报声；如果系了安全带，那么环境中的这个警报声就消除了。当人们再置身于响有警报声的车内环境中时，系安全带的行为的可能性就会增加。系安全带的行为使原本存在的某种环境事件（警报声）消除或消失，这样的结果反过来又促进了系安全带的行为。这个过程就叫作负强化。

又如，某儿童吃饭困难、厌食，见到饭就想逃避、不愿意吃，左哄右劝也吃不了多少，且吃饭磨磨蹭蹭，既耗费家长的时间，又耗费家长的精力。那么，如何利用负强化的原理增加其进食的行为呢？首先我们来看从环境中撤掉什么最能满足该儿童的愿望。似乎撤掉家长的监督，撤掉饭菜都是儿童希望得到的。单纯撤掉家长的监督，没有了进食的压力，主动吃饭的可能性似乎不大；撤掉了食物，没得吃，也不会出现进食行为。怎样做才能让他进食的行为越来越多呢？我们可以从进食行为本身来考虑，进食行为本身实际上也是在撤出环境中的食物，应该可以自身强化进食的行为。怎样安排才能让它具有促进进食行为的实际效果呢？如果我们把一大碗米饭放在孩子面前，他好不容易勉强吃了一小口，食物有看得见的减少吗？好像没有。儿童进食的行为出现了，但似乎没有看到预期的结果（食物量上的明显减少），那么，进食的行为就没有得到强化，反而吃得越来越困难了。设想如果少量分餐进食会怎么样？比如，我们仅给他呈现一酒盅的米饭。同样勉强吃了一小口，但会发现食物已经减少了一小半，再吃一口，可能就所剩无几了。如果不去考虑进食总量，只就单位时间内看进食的效率和行为，哪种情况进食行为更有可能发生呢？答案应该是不言自明的。

负强化在特殊儿童的功能性沟通训练中也能起作用。比如，某儿童特别不喜欢吃某种食物，把盛有该食物的汤勺放到他的嘴边，如果该儿童能够用社会可接受的方式表达不想吃或拒绝吃的意图,就把这汤勺食物撤掉;如果他没有这样的行为,就持续放在他的嘴边。社会可接受的拒绝方式可以是肢体动作(如摆摆手、摇摇头,或在被问道"你是不想吃吗?"之后点点头),也可以是语言的行为(根据儿童的语言能力,从说"不"到"不要""不吃"再到用完整的句子表达"我不喜欢这个,我不喜欢吃××")。负强化的原理给了我们很多创造沟通机会的灵感,结合辅助教学技术,可以成功地帮助儿童学习很多社会沟通技巧。

以上都是负强化在塑造预期行为中的实例应用,但在现实生活中,负强化的原理则常常让人们下意识地培养和塑造了儿童的问题行为。儿童经常出现的一些问题行为,如哭闹、发脾气、大声嚷嚷、撞头、挖脸、扯头发等,对管理者而言,哪一个不是厌恶性的环境刺激?在这些情境下,任何能够及时终止儿童问题行为的举措都将因为使该负性刺激终止(不再哭闹、发脾气、大声嚷嚷、撞头、挖脸、扯头发等)而被强化。能够最快地终止他哭闹、发脾气、大声嚷嚷、撞头、挖脸、扯头发等行为的措施是什么呢,最显然不过的,就是赶紧满足该儿童的愿望和要求。因此,不论管理者是下意识地或者是无奈地满足儿童,他在此时满足儿童要求的行为都会被强化。

对儿童而言,管理者为终止儿童问题行为而采取的措施(在哭闹的时候满足他的愿望和要求)有可能正强化了孩子的问题行为;而对管理者而言,儿童哭闹行为的及时终止,则负强化了管理者在儿童哭闹时满足其要求的行为。

社交互动过程中表现出的一来一往的行为模式往往是彼此强化的结果,互相给予对方正强化的结果往往是使彼此预期的建设性行为增加,关系更为和谐紧密;而一方给予正强化,一方给予负强化的结果,往往使双方关系日趋紧张,紧张到一定程度就会破坏原有的平衡,双方重新较量,然后走向另一个新的循环。只不过这个新的行为互动的循环很少是向着建设性方向转化的,其结局也往往是破裂性的或是破坏性的。

在领会上述正强化和负强化的概念时应当注意:这里的"正负"指的是环境中增加某个事件(刺激)或撤出(减少)某个事件(刺激),而不管是额外增加某个事件还是从原来的环境中撤出某个事件,其结果都是增加了行为出现的可能性。有人把负强化理解为惩罚,这是一种根本上的误解。

行为塑造及临床意义

塑造（shaping）是获得一种全新行为的程序，该程序包含两个特征：具备一个特定的目标行为；利用差别强化的原则，循序强化接近目标的行为。

想要成功塑造一个行为，需要考虑以下因素：1. 要有一个明确的最终目标行为；2. 一旦实现该目标行为，可由自然的强化物维持；3. 塑造过程中选择适当的强化物，也就是说，强化物应该容易得到、容易给予、容易消费、不会很快被厌倦；4. 选择恰当的初始行为（至少出现过一次，最接近目标行为）。

塑造是一个基本的行为原理，生活中所见的多数行为都是被塑造出来的，虽然并不一定都是主观有意识的行为。主观有意识的塑造行为称为人为塑造，比如教儿童学习发音和语言的过程，没有一个孩子天生就是语言大师，孩子总是要从发出咿咿呀呀的无意识音节开始，进而是无意识地发出某些有意义的音节，然后是有意识地使用这些音节，最后形成词组、短句甚至是长篇大论的演讲。

在这个过程当中，每一个教孩子的父母、老师或其他照护者都有一个最终的语言目标，从模仿孩子的发音开始，逐渐地强化孩子发音中有意义的成分，一旦孩子稳定地获得某一阶段的语言发展，在该阶段上的发音水平将不再受到强化，而新的有意义的进步（因消退爆发而产生的新的行为）则会产生并得到机会强化。

主观无意识的行为塑造过程，往往都是自然塑造或误用塑造的过程。人类的许多复杂行为都是自然塑造的过程。譬如，现在我们建造的房屋相对于人类祖先们原始的茅草窝棚，那真是天壤之别，高大、舒适，既挡风又能避雨，还具有抗震功能。建筑房子的行为正是自然塑造之功。风吹雨淋、地震海啸等不断消退人们苟安于现状的行为，而激励和强化着性能更优的建筑工艺的出现。

儿童许多升级的问题行为都有可能是被无意识塑造出来的。譬如，当孩子学习语言的时候，我们为每一个新的发音而激动，十分注意和乐于满足孩子提出的任何要求，甚至创造机会鼓动孩子提要求得到玩具或食物。但是，当孩子已经能娴熟地利用语言沟通技巧满足他们无休止的需要与好奇的时候，家长就开始变得没有那么耐心和愉快，甚至可能会心生反感或厌恶。孩子的要求因而可能被忽略或被断然拒绝。一个过去一直被强化的行为（用语言提要求和愿望）因而被消退。通过前面章节可以了解到，在消退伊始被消退的行为在短暂时间内可能不降反增（表现为被拒绝以后不断地重复提出同一要求，直到得到满足），甚至伴有情绪（如不开心、嘟嘟囔囔、哼哼唧唧、委屈地哭、纠缠人），而这也许就是问题行为的发端。这种行为照例还是一种厌恶性的刺激，如果家长离鼓励他用语言提要求的阶段时间不是很长，很可能受不了孩子的纠缠或委屈的样子而满足他，那么这种小哭小闹、纠缠的行为就得到强化并维持。时间稍长，当家长已习惯于这些表现的时候，又会感到这样纵容下去不好，下决心要制止他，也就是说，开始消退管理者已经习惯了的纠缠、小哭小闹的行为。在这个基础上的行为被消退时，基于消退爆发的原理，新的行为如自伤、打人、摔东西，或强度更大的行为，如哭闹更厉害、大发脾气等皆可能出现。相对于过去的小哭小闹，新的问题行为是一个更大的厌恶性刺激，家长初次接触或领教时，往往会觉得继续拒绝下去不值得，因而也就满足了孩子的要求。如此发展下去，就会觉得已经有心（去矫正）无力（去改变）了，只能每每在孩子闹到最大程度时适时满足他，才能打发这个厌恶性的刺激（家长满足孩子的行为因而也被负强化了）。孩子的问题行为也就因此一步步被升级塑造出来，最后不得不求助于医生或专业的人员。

　　上述这样无意识塑造问题行为的过程与下面描述的有意识培养孩子的问题行为的做法几乎是异曲同工的。

　　先教孩子说话，孩子学会说话以后，鼓励他用语言的形式提要求，并连续强化他这种行为；一旦孩子已经熟练掌握这一技能，就开始消退他用语言提要求的行为，同时鼓励他纠缠父母，反反复复重提要求，哭哭啼啼或哼哼唧唧地表达直到让家长不耐烦为止，做到这样才给予强化；一旦孩子能够这样获得满足，进一步消退他该水平上的行为，而鼓励他用撞头、咬人、摔东西或大发脾气、满地打滚等方式提要求，一旦孩子达到这个水平，就及时地满足他，而任何达不到这个水平的提要求的方式都不予满足。

第三节　复杂的行为规律

区辨刺激与区辨训练

所谓区辨刺激，是指行为发生前的某种环境存在（刺激、事件、因素）总是与特定的行为结果（如强化物的呈现）相联结，而其不存在（或其他环境因素、事件、刺激的存在）也总是与特定的行为结果不出现相联结。环境中的该刺激（或事件、因素）就是特定行为的区辨刺激，它可以导致某特定行为出现的可能性增加。

如果你的老板要求你去机场接一位叫赵七的秃顶的客户，而你只看过照片，却并不熟悉该人，在机场你很可能对每一位秃顶的、长相与照片相似的、出机场的人都赔着小心问"赵七先生？"。好在秃顶的旅客也不太多，你在三四次尝试以后，终于喜笑颜开。

这是生活中的区辨训练。在这个例子中，先后有数个不同的秃顶旅客出现，可能是张三或李四，个体不变的行为即询问"赵七先生？"在这些不同的情境里都被消退，而只在最后那个出现的秃顶旅客身上得到了强化。

经由这样的经历，大概以后你只会把"赵七先生"这句话用在这个叫作赵七的秃顶旅客身上。也就是说，赵七这个秃顶旅客身上的某些总是跟着赵七且为赵七所独有的刺激（因素、事件）逐渐地控制了询问"赵七先生"的语言行为。

区辨刺激和区辨训练经常与差别强化混淆。我们还是以赵七为例，说一说差别强化的情况，注意与区辨训练和区辨刺激对比。

如果你在工作多年以后的一个偶然场合碰到中学同学赵七，模样还熟悉，名字却忘记（相对新的环境），见面时你可能从张三说到李四，从王二说到刘五，最后是赵七。而赵七这位同学则一直摇头，直到你说到赵七，他开怀大笑，和你紧紧拥抱。

在这里，"赵七"这个人对你是个特定的环境存在，而你对"赵七"这个特定的情境呈现出现5种不同的行为变化，而只有说"赵七"这个行为才得到强化。这是差别强化原理在生活中的体现。

再来看看孩子是怎么"认识"苹果的（命名"苹果"的语言行为）。

当妈妈把一个儿童相对陌生的（也许曾经教过，但儿童还没有十分把握）水果——苹果放在儿童眼前，问："这是什么？"儿童很有可能从他的行为库存里调用所有新学习的词汇来应对，如说"土豆""苹果""橘子""橙子"等。可以想见妈妈会强化他哪一个行为表现，消退哪些其他行为表现。这个教学过程运用的是差别强化的原理。

但是，妈妈也可能用另一种方法教儿童认知事物，比如，拿出一个苹果给他看，问："这是什么？"他回答说"苹果"，妈妈会很开心，夸奖孩子，拥抱他等。接着，又会拿出一个橙子给他看，问："这是什么？"他仍然回答说"苹果"，妈妈会怎么样？如果再换个西红柿给他看，问："这是什么？"他还说"苹果"，又会怎样？如果不是故意抬杠，那么，谁都知道妈妈肯定不会在这些情况下去表扬（强化）孩子说"苹果"的行为。只有当苹果这个刺激在时，说"苹果"的语言行为才被强化，而在没有苹果时，说"苹果"的语言行为则都被消退。这就是区辨训练的过程。

上述还原的是儿童认知事物的基本过程，它离不开差别强化（上例前半部分）和区辨训练（上例后半部分）。如果读者仍然不理解，再举一个作者亲身经历的真实案例。

在一次去山东淄博出差的火车上，一个蹒跚学步的小女孩摇摇晃晃地走到我跟前，好奇地望着我。后面紧跟着她的妈妈，弯着腰，准备着随时扶孩子一把。当我善意而温和地冲她微笑的时候，她突然冲着我叫了一声"爸爸"。这一声"爸爸"让我略显尴尬，不敢再冲她微笑，而她妈妈也赶紧纠正，"傻孩子，这哪是爸爸，爸爸在那边坐着呢！"

回想我们经历的种种区辨刺激现象，恐怕对爸爸、妈妈的区辨是最为彻底也最为紧要的能力。但没有一个人是天生就"区辨"了自己的爸爸、妈妈，我们都无一例外地经过了差别强化和区辨训练。只是当我们能够很好地区分和辨别这两个对我们最为重要的人以后，我们便会理所当然地认为我们天生拥有这些能力，而忘记了训练中的犯错和训练的过程。

可以这样说，差别强化与区辨训练构成了对事物认知的核心。在一个相对新的情境里，个体可能出现若干行为（行为库存中的行为或全新的行为）去适应新情境，但该情境最终选择某一种或一类行为，只有当该行为出现的时候才会得以强化，而其他行为则被消退，这个过程体现的是差别强化。当一个行为屡次被强化而成为个体行为库存的一部分以后，它倾向于在不同的情境里再现，如果它仅在某种情境（有特定的某刺激）下得到强化，而在其他情境（缺乏特定的某刺激）下都得不到强化（被消退），其结果就造成该行为在且仅在某种特定情境下（有特定的某刺激）出现，而在其他情境（缺乏特定的某刺激）下不出现。

特殊的区辨训练：辅助

辅助就是一种额外的刺激，该刺激可以增加行为者在某种情境下做出特定反应的可能性。辅助作为行为前的变量之一，与其他行为前的环境变量以及行为之后的后果变量一起，影响和控制着行为者的行为表现。辅助被广泛应用到区辨训练与泛化训练过程当中。譬如，在孩子学习独立地穿衣吃饭的过程中，往往需要一个我们手把手地辅助的阶段；再譬如，教孩子认识"苹果"两个字，可以把实物的苹果放到"苹果"两个字的上面帮助他正确指认。在上面的例子中，手把手与实物的苹果都是一个额外的刺激，有了这些额外的刺激，孩子的学习过程就变得容易（正确反应出现的可能性就大大增加）；没有它，孩子在学习过程中就可能会受挫（出现错误反应或失败反应）。

辅助通常有两种形式，一种是他人中介的辅助，另一种是刺激物本身的辅助。其中，前者根据介入的程度以及对行为者干预的程度，按照由高到低的等级可以分为躯体辅助、示范辅助、手势辅助与语言辅助等，每一个等级也可以按照同样的原理进一步细分为若干等级。比如，躯体辅助就可以分为全躯体辅助和部分躯体辅助等。

刺激物本身的辅助包括刺激物自身加减与等位刺激转移两种途径。前者譬如，教孩子认识"大小"两个汉字，如果我们按照先"大"后"小"的顺序教孩子分别指认"大小"两个字，孩子正确指认的可能性就会大大增加。

大 小 → 大 小 → 大 小 → 大 小 → 大 小 → 大 小

类似的例子还有很多，生活中常见的如幼儿学车，在自行车的后轮上增加两个小轮子，使孩子不会有摔倒的担心，直接获得骑车的快乐。随着孩子平衡驾驭的能力增强，家长把两个小轮子拆掉了，孩子也骑得自由自在。

模仿训练与指导训练是教育训练中两种常用的辅助教学技术。

模仿训练包含三部分：老师展示要做什么；学生复制老师的做法；老师强化学生的模仿。这是一种特殊形式的区辨训练，在孤独症孩子的语言训练中应用得最为广泛。我们平时所谓的参观学习实际上就是只包含第一个要素的模仿训练。

指导训练也包含三部分：老师对预期的行为给予一个口头描述；学生产生被指导的行为；老师强化被指导的行为。指导训练也是一种特殊形式的区辨训练，广泛应用于生产、教育的各个领域。指导训练有时候是以一种变异形式进行的，比如，我们看着说明书操作新买的一台家电，说明书起到一个指导者的作用，而家电最终正常工作就是对我们操作的强化。指导训练中，老师有时也会展示操作，此时模仿与指导训练的区别在于老师的行为是否与预期行为一致，如果完全相同，则为模仿训练；如果不完全相同，目的仅在于解释预期行为，则为指导训练。

等级辅助教学技术

在孤独症儿童的回合试验教学技术中，有两种等级辅助教学法，分别是从高到低辅助教学法和从低到高辅助教学法。前者常应用于新的行为项目的学习，借助于从高到低的辅助教学技术把孤独症儿童缺乏的某个目标行为从无到有地塑造出来，并借助于强化得以维持；后者则常应用于矫正某个错误的或无反应的行为。下面对这两种教学法分别给予介绍。

从高到低辅助教学法

从高到低辅助教学法也称为无错误学习法，是指在回合试验教学中，教学者通过全躯体辅助、部分躯体辅助、示范（手势）辅助等从高到低的辅助手段帮助儿童完成指令要求的行为项目的学习过程。例如，在"拍手"这个接受性语言训练的学习项目中，如果儿童在试探阶段3次听到"拍手"指令后都处于发呆状态、没有反应或做出其他错误反应的状态，就可以将"拍手"纳入接受性语言训练的学习项目，并在给出指令的同时或发出指令以后立即用全躯体辅助（也就是手把手帮助）的方法帮助儿童做出拍手的行为反应，且及时给予相应的强化。如此练习一定次数后，可以尝试降低一个辅助等级，即在发完指令后，给予部分躯体辅助（双手捏起他双手的手腕，但不辅助他到拍手的程度），如果他在这个辅助水平上完成了剩余的行为，则进行该水平上的辅助等级教学。进入到部分躯体辅助阶段的教学向更低辅助水平的过渡要有80%的通过率，相当于在学习项目的回合试验教学中，一个小节中的10个回合试验教学可以达到8次以上的成功。下一个辅助等级是手势辅助或者示范辅助，教学者与学习者没有任何的身体接触。直到最后，儿童在听到指令后立即主动独立地"拍手"，这样就算是完成了一个从高到低的辅助教学法教学的全过程，这一过程在回合试验教学中也称为主体试验阶段（mass trial）。

正如"无错误学习法"所提示的那样，从高到低辅助教学法的优点是儿童在学习新的项目时，没有或者很少有挫败感，能够保持很高的成功率；缺点在于对儿童的干预比较强，不利于儿童提高自主性和独立完成任务的能力。

从低到高辅助教学法

从低到高的辅助教学法先从独立反应开始，根据孩子的能力水平逐步提高辅助等级，直到提供全躯体辅助。在回合试验教学中，该教学法又被称为错误矫正程序。它与自然情境下随机教学中的从低到高的辅助教学法是有明显区别的。

自然情境下的随机教学中，从低到高的辅助教学是在恒定等待或延时等待儿童做出正确反应的过程中，每经过恒定的等待时间或延时的等待时间以后，儿童仍然没有预期的反应，或者在这个过程中有错误反应，应当立即按照从低到高的辅助顺序依次给予恰当的辅助和矫正，促使其做出正确反应或回到正确反应的轨道上来。整个过程一气呵成，不以回合间隔开。

作为错误矫正程序，从低到高辅助教学法有所不同，它指的是在回合试验教学过程中，如果儿童在某个阶段的某个教学项目上无反应或出现了错误行为反应，训练者应该给予结束回合的信号。比如，在"拍手"这个接受性语言训练项目上，某儿童当前处于从高到低辅助教学的独立反应阶段，即儿童应当在训练者发出"拍手"的指令时独立做出拍手的行为，但很可能儿童在预期的时间内（一般 3~5 秒）没有做出反应或做出错误反应，此时训练者应轻声说"不对"，同时不给予任何强化，也不要跟他有目光接触，静止并停顿 3~5 秒钟，然后开始启动错误矫正程序。因为儿童已经到了独立完成阶段，那么，下一个辅助等级是示范辅助或手势辅助。在停顿后重新开始发新一回合的指令"拍手"并给予拍手示范，观察儿童的行为反应。如果仍无反应或出现错误反应，则重复上述程序结束该回合，并在下一个新的回合中启用部分躯体辅助的方法帮助儿童做出正确的反应。如此循环下去，直到他最终在需要的辅助等级下完成该行为的学习。

自然情境下从低到高的辅助教学法只有一个原点、一个终点，在原点和终点之间是依等候时间递次上升的辅助手段。辅助手段递升的过程就是一个完整的从教学原点（发指令）走向终点（完成指令并强化）的过程。

错误矫正程序则不然，每一个新的等级的辅助都必须放在一个新的回合中完成，也就是说都有一个原点（发指令）和终点（正确或者错误的行为，以及强化或消退的结果）。回合之间有短暂的间隔，以示上一回合的终点和下一回合原点之间的界限。从低到高的辅助教学法的优点在于，总是给儿童独立反应或尽可能独立反应的机会。从两个教学法的对比中可以看出，两种教学法的优缺点互补，针对不同的孩子、不同的学习项目，应该在生活中灵活应用。

泛化、泛化训练及其应用

如果某行为在不同的环境背景下出现，在每一个背景里都会受到强化，则该行为在一个新的环境背景里出现的可能性增加。使某行为在不同的环境背景里都受到强化，当一个全新的环境背景呈现时该行为仍然出现，这个现象叫作泛化。使泛化现象得以出现的过程叫作泛化训练。

泛化训练与区辨训练是相互对应但性质相反的两个行为原则。前者鼓励行为者淡化某行为在环境背景中的区辨，以不变应万变；后者鼓励行为者加强对环境背景的区辨，要求行为者在且仅在某特定的环境背景（区辨刺激存在）下才表现某行为。

泛化现象和泛化训练也是事物认知过程中非常重要的一环。譬如，在教学过程中某儿童通过差别强化和区辨训练掌握了苹果的实物概念，也就是说他能够很容易地从一堆其他水果中指出或拿出苹果，而当被要求指出或者拿出其他某个水果时，这个儿童从来都不指出或者拿出苹果。

但是实物的苹果并非某一个特别的苹果，它可能是青苹果，也可能是红苹果，还可能是半青半红的苹果或黄色的苹果；它可能是浑圆个大的苹果，也可能是不太圆的小个头苹果；它可能是结在树上的苹果，也可能是放在筐里的苹果；等等。在任何时候，当我们把某个苹果连同它的关联背景一起呈现给儿童的时候，我们都希望儿童能够说出、指出或拿出这个苹果，而不是只能说出、指出或拿出某个特别的（在训练中认识的）苹果。这就是泛化训练的过程。泛化的能力对个体适应生存环境的价值是不言自明的。

儿童生活的物质世界里有苹果和非苹果，我们希望他在生活中不把非苹果错认、错用为苹果（刺激区辨），也不把苹果错认、错用为非苹果（差别强化）。同样，儿童生活的物质的世界里，有各式各样的实物的苹果。我们希望他在生活中能认出所有苹果（泛化训练），而不是认为某个苹果是苹果，其他的苹果都不是苹果（过度刺激区辨）。

在认知物质世界中的大多数抽象概念的过程中，既会涉及一定程度的刺激区辨，也会涉及一定程度的泛化，如我们刚刚举例说明的苹果。对刺激区辨和泛化的平衡与把握靠的不是说教，而是在成长过程当中儿童自身与环境的互动，以及体现在这些互动过程中的差别强化、区辨训练和泛化训练的结果。

促进泛化的一般策略

泛化现象和泛化训练对于个体的生存意义不言自明。刺激区辨现象和泛化现象在生活中是"你中有我、我中有你"的关系，二者相互依存，不可也不能分割，刺激区辨使个体对环境中的不同保持警觉性的意识，采取相对应的行为措施以适应或逃避；泛化使个体以一种更简洁有效的方式（以不变应万变）适应环境的变化和不同，减少警觉性的消耗和持续性学习的应激。因此，一般而言，刺激区辨更多一些主观意识层面上的努力（人为刻意的成分），而泛化更多一些自然或本能的倾向（自然而然的成分）。

虽然如此，泛化也并非一概不需要刻意而为就能自然获得的技能。个体接受区辨训练的过程，可以看作是一种变相地对泛化现象（或者泛化行为）的消退，促使个体不能过分地泛化或在泛化上保持一种警惕，或者遏止个体泛化的本能倾向。如果个体的行为反应仅仅针对某些特定的环境，或者说过度区辨，就需要通过人为的刻意训练的方式，让他认识到模糊环境中相似事物之间的不同，从而对不同但相似或同类的环境都能做出相同而不是不同的行为反应，这样的过程可以称为泛化训练。

泛化的基础

博闻强记、见广识多是泛化的基础。个人阅历越丰富，知识面越广博，越容易出现泛化现象。当然增进个人阅历与见识的过程里不可避免地包含着丰富的区辨训练过程。刺激区辨一方面消退着可能的泛化，另一方面又在更深的层次上促进着泛化。个人的阅历和见识总是在不断地发展和变化着，在这个过程当中，越是感性和具象的事物越能帮助个体区辨对环境的认知，越是理性和抽象的事物越能帮助个体泛化对环境的认知。比如，在认识自己工作所用的某张桌子时，我们需要借助于这张桌子区别其他一切桌子的特征，这时需要关于不同桌子区辨性的记忆库存；而当桌子作为家具的一种被泛泛应用的时候，我们需要借助作为家具的桌子的一般性特征的记忆库存，而不强调桌子之间的不同。个人见识的桌子越多，对抽象而泛化的桌子的概念理解越深，越容易识别一个新的特别的桌子（泛化）。《道德经》中的"为学日益，为道日损"，也可以从另外一个侧面将其理解为区辨和泛化的辩证依存关系。

泛化训练的一般路径

求同存异，由同而异

泛化训练往往都是从类似的环境背景开始，与环境背景相似度越高，越容易出现泛化。当预期在某个特定的环境背景下习得的某行为能够在其他环境背景下出现时，可以有计划、有步骤地增加或者减少特定环境背景中的某些元素，但每一次变化相对于之前的环境背景都保留相当部分的元素不变（如90%或者更多）。通过这样系统的泛化训练，最终达到在一个与初始的环境背景完全不同或者差异很大的新的环境背景里也出现被强化的行为的目标。

保留核心，突出关键，枚举泛化

直接列举预期行为出现的三种或更多种环境背景，虽然这些环境背景看似彼此不同甚至差异显著，但都具有某些核心的或关键的成分或标志。只要环境背景里存在这些核心的成分或关键的标志，不管它们之间的差异有多大，都对出现的预期行为给予强化，则该行为在新的含有该核心成分或关键标志的环境背景里出现的概率也大为增加。

泛化训练的最高要求

透过现象抓本质是泛化训练的最高要求和最理想境界。行为反应不再依存于具体表象，而是依存于规律、本质或自然法则等抽象概念。万有引力定律和勾股定理，老子"万物生于有，而有生于无"的论断，以及庄子"天地一指也，万物一马也"的领悟，无一不是摆脱具象的纷扰，而看到本质或规律的大同。

孤独症儿童教学中泛化训练策略

在孤独症儿童教育训练的途径中，应用行为分析的教育训练措施经常为人所诟病，原因之一是认为一对一的桌面强化教学训练所获得的技能不能被儿童泛化到日常生活中去，或者教学方法本身不够自然、不够生活，似乎有为教而教、为学而学的味道。

一对一的桌面强化教学对于习得和巩固特定的"前提—行为—后果"的"序贯联系"是普适而高效的，这一点已经被很多研究和实践所证实。值得注意的是，在ABA的教学里，不管教学项目是复杂的语言和情感内容，还是简单的动作模仿或指令，直接的教学目标或者教学重点都不是具体的行为技能本身（如起立、拍手等），而是行为的序贯联系。

比如，在什么时候起立，什么时候拍手？在这个时候起立了没有，拍手了没有？如果做了会怎么样，没有做会怎么样？这就是目标行为或目标行为的序贯联系。很多应用ABA进行孤独症儿童教育训练的人也未必真正领会这一点，而是习惯于依葫芦画瓢地进行ABA行为训练，把会拍手、会起立作为直接的目标，把握不住这些行为出现的背景因素，也控制不了这些行为的后果因素。其过程要么机械、刻板且了然无趣，要么变形走样，流于个人（常识）发挥，而再无行为原理的正确应用。

外行人以ABA的"泛化"批评ABA的"缺乏泛化"，只能有两种解读：要么操作ABA的人不懂ABA，所做的确实缺乏泛化，要么批评的人不懂得或故意装作不知道泛化是ABA原则下教学的基本要求之一。

在适当的情况下，尤其是在维持阶段，为了让教学更加生动、有趣，更有利于泛化，应当注意以下几点。

1. 热情的声调。
2. 富于变化的表情。
3. 变化的背景。
4. 变化的指令。
5. 有趣的、孩子喜欢的、有功能性的材料。
6. 不要在一个孩子已经掌握了的项目上持续训练，这会让孩子感到厌烦。

7. 当孩子合作时不要延长他的工作时间，这是在惩罚他。同样，也不要在碰到麻烦时缩短项目的时间，这是在奖励他。
8. 保持一个高的成功率。
9. 使用孩子喜欢的东西,哪怕是自我刺激性的物品,也可以作为强化物。
10. 不同的任务穿插进行。
11. 变化的、自然的强化物。
12. 语言应当尽可能自然。
13. 课程富有变化（如语言、游戏、社会、自理）。
14. 尽可能去结构化（如有些时候选择在地板上而非椅子上工作）。

强化程序表

此前我们所提到的操作条件下自主行为的强化都是在连续强化的基础上，也就是说，目标行为与强化物呈现是一一对应并前后相随的。如果目标行为与强化物不是一一对应，而是有的目标行为的出现伴随强化物，有的目标行为的出现不伴随强化物，这种情况则称为部分强化（partial reinforcement）或间歇强化（intermittent reinforcement）。间歇强化的程序或规则由强化程序表体现（schedules of reinforcement）。

间歇强化的意义

间歇强化具有什么样的实际意义？为什么要研究间歇强化中各类强化程序的规律？

第一，通过连续强化建立的行为不容易被消退，而经过间歇强化塑造出来的行为更不容易被消退。因为在间歇强化的过程中，某些行为不跟随强化的结果，模拟了消退的程序，从而有利于行为的维持和巩固。

第二，从人类生活的现实角度看，个体从呱呱坠地到成长为一个成熟的社会人并终其一生而形成了个体特有的行为库存，这些行为在习得的过程中模拟了一个连续强化的过程，而其维持则依赖于间歇强化。比如，用语言表达要求这个行为的习得过程，最早可能是选择性地哭，然后到点头摇头和用手势指点比画，到用简单的短语表达要什么，再到能说出丰富而完整的句子，一轮一轮下来，每一点进步都可能是连续强化的结果。而每前进一步，其先前的行为就不再得到强化（消退），或只能得到间歇的强化，并且其间歇的时间还会逐渐延长，直到彻底撤除强化。

当个体能够熟练并灵活地运用各式变化的语言表达其要求的时候，其要求就变得不像以前一样容易被满足（强化），但也并不是总不能被满足（即强化的间歇不能长到消退该行为的程度）。这种间歇的满足可能基于提要求的次数（按可变比率强化的程序），也可能基于满足要求的间隔（按可变时距强化）。比如，家长会觉得孩子都提了五六次想吃肯德基了，就有可能答应一次（基于可变比率强化他要求吃肯德基的行为），或者已经有一个星期没吃肯德基了（离上次提吃肯德基的要求并被强化一周的时间），现在可以满足他这个要求了（基于可变时距强化他要求吃肯德基的行为）。

强化程序类型

基础的强化程序包括两类：按比率强化和按间期强化。前者基于已发生的目标行为的数量，并可进一步分为按固定比率强化和按可变比率强化；后者基于离前次强化发生的时间，也可以进一步分为按固定间期强化和按可变间期强化。也就是说，一共有四种基础的强化程序类型。

按固定比率（Fixed Ratio, FR）强化，是指当目标行为出现了固定数量时，强化最近一次出现的目标行为。比如，按固定比率-3［FR（3）］强化的程序就意味着目标行为每出现三次，在第三次出现之后呈现强化物的现象（或者说每隔两个不强化的目标行为跟着一个被强化的目标行为）。因此，在序贯的行为频次中，第三、六、九……次出现的目标行为会被强化，而间隔期间的其他目标行为都不被强化。同理，按固定比率-2［FR（2）］强化的程序是每隔一个不强化的目标行为跟着一个被强化的目标行为；按固定比率-5［FR（5）］强化的程序，就是每隔四个不强化的目标行为跟着一个被强化的目标行为。

按可变比率（Varied Ratio, VR）强化，是指每一次强化都不固定在目标行为出现多少次之后呈现，但总体上围绕着某个平均的、固定的目标行为出现频次进行强化。比如，按可变比率-5［VR（5）］强化的程序，很可能在第一次目标行为之后就给予强化，也有可能在第四次或第七次目标行为出现之后才给予强化。具体在哪一次目标行为之后给予强化是不可预测的，但是总体上平均目标行为每出现五次就呈现一次强化。同理，按可变比率-20［VR（20）］强化的程序也是如此，具体在哪一次目标行为之后被强化是不可预测的，但是总体上平均目标行为每出现二十次就有一次被强化。

按固定时距（Fixed Time, FT）强化，是指距离上一次目标行为被强化隔固定的时间之后出现的第一个目标行为被强化，而在这个时间间隔内无论出现多少次的目标行为，都不被强化。比如，按固定时距（10分钟）强化的程序，是指距离上一次目标行为被强化之后10分钟的时间内出现的目标行为，无论多少次都不被强化，但在10分钟之后出现的第一个目标行为要被强化。同理，按固定时距（1小时）强化的程序，是指距离上一次目标行为被强化之后1小时的时间内出现的目标行为，无论多少次，都不被强化，但在1小时之后出现的第一个目标行为要被强化。

按可变时距（Varied Time, VT）强化，是指上一次目标行为被强化之后任何时间内出现的目标行为都有可能被强化，但总体上目标行为的强化是按照平均某个固定的时间段被强化的。比如，按可变时距（10分钟）强化的程序，是指距离上一次目标行为被强化之后的任何时间点（可能第1分钟，也可能第8分钟或者第15分钟）出现的目标行为都有可能被强化，但总体上目标行为大致是平均每10分钟被强化一次。

强化程序的规律及消退特点

从行为主义的观点来看，个体的行为库存是构成其人之为人的必要条件，那么，用以维持行为库存的间歇强化当然值得探讨，值得研究。比如，是按照基于比率的强化程序维持库存行为好，还是按基于时距的强化程序维持库存行为好呢？基于怎样的比率或时距最好、最优？要回答这些问题，必须对各类型强化程序对目标行为的影响以及消退时的规律有所了解。各类型强化程序下目标行为的规律以及消退时的特点如下。

1. 按固定比率强化的程序。目标行为在强化间期以较高且稳定的行为频率出现，但在每次强化之后会根据强化比率的大小而有成比例的间歇（不反应期）。但在间歇之后，目标行为出现的频率与强化比率的大小并没有必然的联系。按固定比率程序强化的目标行为在消退过程中，高比率的目标行为反应和间歇期交替出现，但随着消退程序的进行，间歇期越来越长，直到最后行为反应消失。

2. 按可变比率强化的程序。目标行为以更快且稳定的频率出现，且在每次强化之后几乎没有什么间歇期。按可变比率程序强化的目标行为在消退过程的早期，似乎没有任何变化，但随着消退程序的继续，高频率的目标行为反应之后会出现一段间歇期，并随着消退程序的进一步进行，间歇期越来越长，直到最后行为反应消失。

3. 按固定时距强化的程序。目标行为以强化之后慢速积累和到临近强化时间点的快速增加为特点。按固定时距强化的程序在消退过程中，重复上述模式，但是其慢速积累和快速增加的速率都逐渐下降，直到最后行为消失。

4. 按可变时距强化的程序。目标行为将维持在一个较高的频率而稳定地持续下去，并且在每次强化之后也没有明显的间歇期。按可变时距强化的程序在消退过程中，随着消退时间的延长，目标行为的频次逐渐下降，直到最后消失。

与儿童管理有关的强化程序表的实例

在日常对孩子的管理中，强化程序表的影响更为明显，而且很可能自然形成组合形式的、比较复杂的强化计划表。糟糕的是，管理者自身往往都没有意识到自己正在受这些强化计划表摆布。

譬如，在当下，一个孩子看到一个玩具或冰激凌。孩子要求得到，而我们拒绝。孩子可能多次用多种行为形式提出要求：变换不同的声调，变换不同的语气，变换不同的内容，或者附加其他行为，比如哭闹、发脾气或自伤、攻击、破坏行为等。总而言之，在得到满足之前，孩子没有放弃提要求的行为。

假如我们每次被磨得没办法的时候总会答应孩子（不管说过多少次"仅此一回，下次决不给买"这样的给自己台阶下的话），我们实际上已经在自然地运用按可变比率强化计划表强化孩子提要求的行为。但是，由于这样做并非我们所愿意，而且事实上，我们并不觉得自己是在刻意地强化孩子这样的行为，我们甚至一直觉得我们正是在试图管理着孩子这样的行为。所以，这里的自然并不代表我们主观自愿，我们没有刻意强化孩子问题行为的可能性，我们是自然而然地被按可变比率强化计划表所控制，它如此强大，以至于让我们感觉"没办法"。如果大家对行为分析的基本原理有更深入的掌握，你会发现，造成这个结局的原因，不仅仅是按可变比率强化计划表强化孩子提要求的行为这么简单。在孩子看到想要的东西并要求得到这个背景下，如我们前文所述，孩子提要求的行为不只是一种，但并不是每一种提要求的行为都得到了强化，而是只有一种形式的行为在当下得到了强化。因此，在整个过程中，还有差别强化的程序在推波助澜。

如果我们差不多是这样一个被磨得没办法只好满足孩子的管理者，那么，综合观察多次我们满足孩子的行为，也许就会发现，在被孩子磨到七八次的时候，我们就会无奈地答应。但具体到每天每一个类似的情境，孩子磨多少次管理者就会满足是不确定的，因此在这里控制管理者行为的是按可变比率强化的计划表强化的程序。我们虽然不是有意做试验验证这样的规律，但我们会发现，这比试验中还要精确和准确！

当然，生活中真正像上述这样的管理者并不多见，更多见的是受复杂强化计划表控制的管理者。还以上面的情境为例，大多数管理者面对这样的情境，更多的是这样的反应：我们并不是对在每一个情境下提的要求都答应（不管当下孩子有没有磨我们、磨了多少次）或不答应。但如果有一段时间（如一个星期）我们都没有满足孩子提出的要求（不管在这个过程中孩子是不是用磨人的方式提要求，也不管提要求过程中孩子磨了多少次），则在一个星期之后的第一个提要求的情境里，很可能孩子稍微磨一磨，我们就答应了，或者孩子磨得格外厉害的情况下，我们就答应了。当然，这个所谓的一星期是个可变的量（也可能三五天，也可能两周，也可能完全依存于你当时的心情），这就把孩子提要求的这个情境置于按可变时距、可变比率强化计划表的控制之下了。

表面看起来，管理者似乎很坚决，因为大多数时候，不管孩子多么磨人，家长好像都坚决不满足孩子的要求。但就在某一天某一个情境下，孩子磨了N次之后，家长答应了一回。而且总的来看，一年中，差不多在平均每隔7天左右，在某一天的某个情境下孩子提出要求，家长最终会答应他（统计一年来家长答应孩子时，孩子磨人的次数平均为8次）。表面看起来，家长管理得很有原则，事实是怎样的呢？事实上，这样的孩子最难管理，因为他自己都很难摸清什么时候、怎样的情况下你可能会满足他。他只有不断地尝试磨你，以更多的次数、更多的花样，甚至以你最头痛的形式。

从上述各类型的强化程序塑造出来的目标行为的规律及其消退特点来看，若要以较少的强化物维持一个较高频率的预期行为反应，且使之不容易被消退，则该行为建立后最好以按可变比率或可变时距的强化程序来维持。反过来讲，如果一个问题行为是被自然的无意识的模拟可变比率或可变时距的强化程序维持下来的，则要进一步消退它就可能变得更为不易，需要管理者有充分的耐心、毅力和准备。

学习行为规律，主动利用它而不被动受它摆布，才是行为管理的临床意义所在！

谈并行依联控制

我们的生命时光是有方向的，去而不复；同时又是有限的，876000小时，基本上只会更少，不能更多。在有限的生命时光里，我们又有一堆的待做事情（用行为满足生理/生活需要、逃避厌恶刺激、获得社会性强化）。这些事情本身又充满矛盾和冲突。譬如，有些事情当下是娱情怡性的（如各种吃喝玩乐），但于长远可能是不利身心发展的；有些事情（如工作、学习、获得一项新的行为技能）于长远是有利有益的，但于当下是极端想拖延和逃避的。

当下觉得刺激但于长远意义不明的事件往往最易偷人时间，诸如玩游戏，看影视作品，浏览抖音、八卦、朋友圈。因为它当下能愉悦感官、激发兴趣。做这些事情时，时间常是不知不觉地溜走，甚至你就规定自己"浏览"一下，可一旦开始，往往不可抑止。不是人的意志不够，而是当下满足的体验难以抵制。

当下觉得乏味但于长远有意义的事情常常干一点就感觉干了很多，常常才开始干就觉得干了很长时间，譬如学习、工作、完成任务或一切围绕长远目标的计划。因为它当下乏味，需要主观刻意地去做，当下的满足感常无，而倦怠感十足。即使能有所获，也必是进入状态一段时间以后的事情，或积久成习以后的事情。于是，不自觉地拣起那些当下刺激的事情，如饮甘泉一般地沉浸其中不可自拔。

这就是凡人日常生活中其行为处于并行依联控制下的常态。这个时候，如果我们不从依联入手，反而求责于意志，往往不能成功，甚至还会适得其反。只有脱离诉诸意志的简单要求，从建立有效依联入手，为自我的有效管理大开方便之门，追求自我管理的成功而不是简单诉诸钢铁般的意志，我们才能越发在行动上接近我们的目标。

语言社区和语言行为

我跋涉旅途，烦渴困乏，见有井水，自取而饮，此一行为也。见有挑水者，我呼而饮，此亦一行为也。前者行为直接作用于物理环境，也被环境中的变化（得水而饮）所强化，人之一生，此类行为不可计数。后者行为却是作用于另外一个人（媒介），借此人而得到强化的结果，人之一生，此类行为亦不可计数也。

斯金纳所关注的，就是这种借助他人而被强化的行为，他把这种行为称之为"语言行为"（Verbal Behavior）。这个作为中介的人，就是"听者"（listener），这个语言行为的发起者，就是"言者"（speaker）。言者借以影响听者的一切行为（声音的、语言的、手势的、媒介的等）都是语言行为。

听者所以能够强化言者行为，首先必须具备受言（能区辨言者行为并付以行动强化言者行为）的能力，而这个受言的能力，其实本身也是听者作为"言者"的"语言行为"能力（包括声音的、语言的、手势的、媒介的）。

由言者和听者共同组成的"语言行为"组合，就是我们语言行为所以能够发生的最基础的"语言社区"（verbal community）。在同一个社区内，言者和听者共享言语行为的便利和好处。

离开言者，则言无所载；离开听者，则言无所向；离开言语社区，则言无所出；离开大千世界，则言无所指。

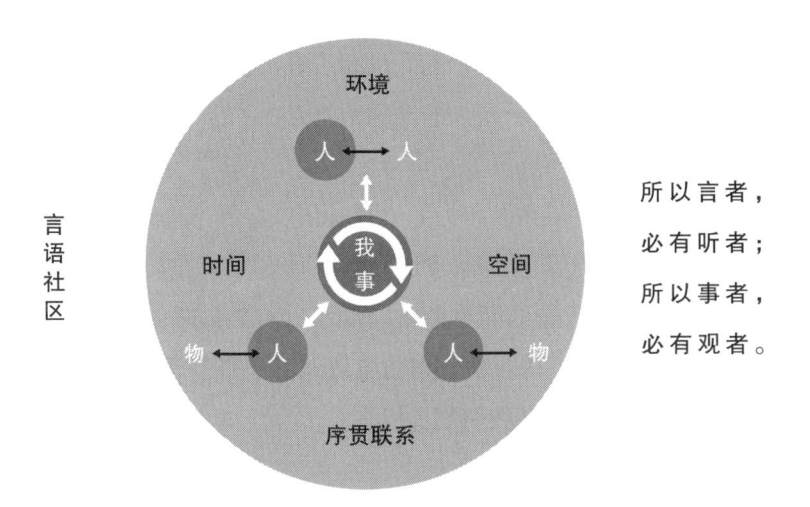

大千世界对言者而言，包括三个部分：物理的自然世界，你我他的人际世界，以及自己的内心世界（以内隐的语言行为为特征，言者和听者为同一人）。

对物理的自然世界越是真切了解，言者改变世界服务自己的行为能力就会大大增强；对人际世界的规律越是了解熟悉，言者悦人利己的行为能力就会大大增强；言者越能自省自知，自己的行为就越是从心所欲不逾矩（逾矩的外显行为和内隐行为都在自省自知过程中去除掉了）。

言者的眼耳舌身脑可以助言者真切地认识物理的自然世界；听者的眼耳舌身脑也可以助言者真切地认识物理的自然世界。言者悦人利己的行为可以示范听者，也可以师范听者。言者不与物理世界、人际世界、内心世界往来互动，则自省自知无源无根。

所以，只有在人人既是言者也是听者的语言社区里，人的能力和利益才能最大化。把一个还不具备言者能力（当然也不具备听者能力）的婴儿教育培养成言者（听者）对语言社区的价值和必要性就是显然无疑的了。当这个婴儿成为言者以后，其拥有语言行为的能力对他自身的好处也是不言自明的。从语言行为的角度，教育就是将一个不具备言者行为能力的个体培养成一个具有语言行为能力的合格的社区成员（于言者自身而言，成为这样一个社区成员的意义在于这些语言行为能力对其认识、改变物理世界，影响和左右他人行为，自省与自知的好处是不言自明的；于言语社区而言，增加一个有语言行为能力的合格的社区成员，相当于增加了一个可以被影响和借以利用的听者）。

那么，个体是怎样从一个不具备言者行为能力的人成为一个言者的呢？言者行为又是如何被引发并进而成为可靠的行为能力的呢？

我们观察言者行为的来龙去脉，可以发现这么几个基本的情形。

第一种情形就是"要求"类的语言行为。引发这一类语言行为的控制变量（行为前的事件或因素）主要不是外在事物或其属性本身，而是对该事物一定时间的剥夺（匮乏状态）。比如，在长时间没有喝到水的背景下，言者见到听者在侧，可能会说"水！""给我水！""介不介意给我倒杯水？""您这位绅士，应该不会介意给我这个困渴之人一杯水吧？"或者，看着听者同时指自己的嘴然后指向水。听者在看到言者的这些行为之后，取水给言者喝，结束了言者和听者之间在"要求水"这个行为单元上的互动（但言者和听者完全可以继续互动下去，那就是另外的行为单元了）。

另一个引发该类行为的控制变量（行为前的事件或因素）是言者处于厌恶刺激或者厌恶刺激的威胁之下。比如，你用挠痒痒的方式去逗弄一个孩子，孩子却并不受用，相反，他非常讨厌这种干扰行为。这样一个背景变量之下，他可能说"不要！"或者冲你摆摆手或者摇摇头，无论是说"不要"还是摆摆手或者摇摇头，你都停止了继续逗弄，那么，这两个行为形式也是"要求"类的语言行为。该语言行为起于你逗弄孩子，止于你终止了逗弄。

因此，要求类的行为发生的背景变量（主要控制因素）存在两种情况：对某事物的匮乏状态或处于厌恶性刺激（或其威胁）之下。

所以言者，
必有听者；
所以事者，
必有观者。

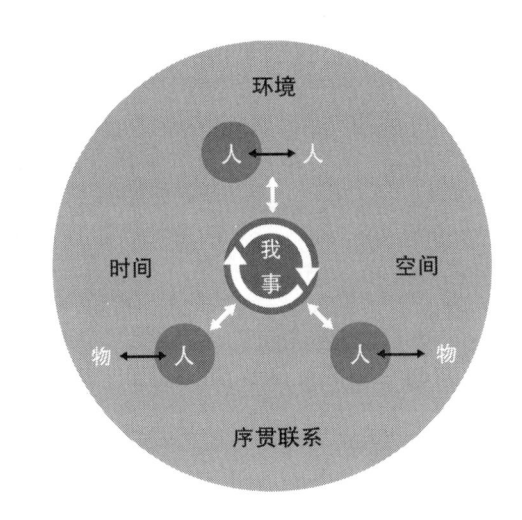

环境

人 ↔ 人

时间　我事　空间

物 ↔ 人　　人 ↔ 物

序贯联系

要求
言以要求，
达我所愿。
因情因境，
出境有变。

　　那么，还不具备言说能力的婴儿饿了、尿了或臭臭了（当然也可以是冷了、痛了等）之后的哭声是不是"要求"类的"言语行为"呢？这个却不尽然或者必然是。不仅如此，区分婴儿在饿了、尿了或臭臭了之后的"哭声"是不是语言行为，对我们真正了解语言行为的概念至关重要。斯金纳在《语言行为》(*Verbal Behavior*) 一书的相关章节里以及又专门在该书"verbal community"这个附录里，分别对此加以鉴别。

　　这个区别就在于要看这个行为是先天的反射行为（elicited, reflexed），还是后天的习得（强化）行为 (evoked, reinforced)。

　　尽管每一次哭声也可以影响到另一个人（如妈妈）的照料和抚慰，但如果该行为仅仅是一种反射性的行为（往往是未区辨的哭声），该行为还不能是"语言行为"。

　　它被定义为"语言行为"，应该是在这种反射行为以及后续妈妈出现、照料、抚慰的结果相结合若干次以后。比如，妈妈听到孩子哭先去喂他奶，但孩子还是哭闹不止（注意，虽然仍然是哭闹不止，实际上哭的行为始终在变化）；又去换他的尿布，换了尿布以后，孩子就不哭闹了。

　　如此，在换尿布时孩子特殊的哭闹行为被强化。这种行为被强化，很容易让人联想孩子是故意引起妈妈注意或利用哭声引起妈妈注意，但实际上孩子并不是故意以这种特殊的哭声引起妈妈的注意，而是妈妈的换尿布行为恰好发生在这种特殊的哭声之后，这种特殊的哭声就会被自动强化（此后，孩子处于尿湿这种厌恶刺激的背景下，这种特殊哭声出现的可能性自动增强，它不尽然是一种故意的行为，甚至极有可能是一种无意的行为增强）。

这时候，该哭声就不再是一个反射行为，而是后天的被强化的行为。细心的妈妈此后往往能从哭声中分辨哪种哭声是因为饿了、哪种哭声是因为尿了、哪种哭声是因为臭臭了。其实，是其中一种哭声得到了妈妈忙乱中一种恰当的处理。该特殊的哭声就和特殊的、引起哭的特定情境（饿了、尿了、冷了或臭臭了）耦合，妈妈对这种耦合规律的意识，让她能从哭声中分辨孩子所处的状态，并给予恰当的处理（不像当初那样忙乱）。

这种通过听者并借由听者强化的言者的行为（特殊的哭声），而不是特定情境下的反射行为（未区辨的哭声），才能称为"语言行为"。

第二种情形就是受语言刺激控制的语言行为。这一类语言行为往往受之前的听觉或视觉形式的刺激控制和引发，常常在更广泛意义的教育行为中出现和应用，包括：仿说行为（或复诵 echoic behavior，受之前听觉刺激引发），阅读行为（或朗读 Textual behavior，受之前的视觉也就是文字刺激引发），抄 / 听写行为（Transcription，分别受视觉也就是文字或听觉刺激引发）以及内联语言行为（Intraverbal behavior，既可以受听觉刺激，也可以受视觉刺激引发）。双语或多语种之间的翻译行为（translation）也被视为一种特殊形式的内联言语行为。

所以言者，
必有听者；
所以事者，
必有观者。

环境
时间　我事　空间
序贯联系

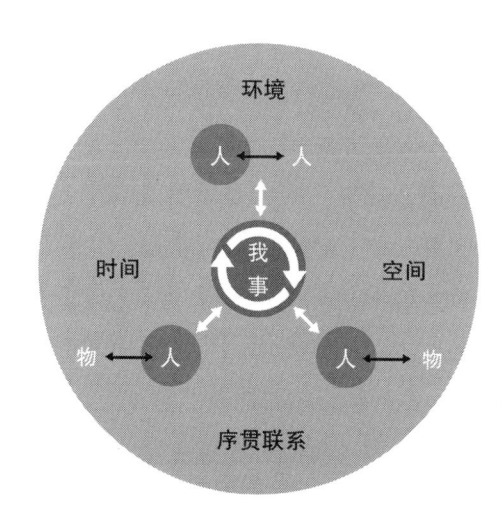

复言
言以复言，
听说读写。
无得发挥，
对应关键。

我们由无意义的喃喃自语，到有意识地仿说音节、仿说单词，再到仿说短语、句子，并在仿说的基础上练习主动性表达和创造性表达（提要求或命名描述），直至成为一个"自由"的"言"者，仿说这种语言行为对我们口语能力的形成功不可没。仿说也因此是语言行为开发过程中非常重要的一环。

如果说阅读在古代还算是少数人（读书人）的行为，在近现代已经成为平民百姓不可或缺的行为技能之一。

对已经成为语言社区成员的你我来说，默读在多数情况下是一个自然而然的语言行为，但我们看那些正在被培养成为合格的语言社区成员的儿童会发现他们还无法在不发出声音的情况下阅读。试问，我们现在所能默读的每一个字词，不都是在出声诵读一遍甚至多遍的基础上得来的吗？我们一开始的诵读多是发声的，这样才便于我们的教育者（把我们培养成言者的那些人）判断并强化我们正确的阅读行为。一旦我们自己成为合格的阅读的言者，或者我们的教育者确信我们可以正确的阅读了，再把所看到的文字朗读出来的行为就经常会受到惩罚，我们转而默读，成为自己的听者，并借由内联语言行为（大部分表现为思考）体会阅读的快乐。

听写和抄写也是教育行为的基本途径之一。"能写"基本上是以抄写和听写这两个语言行为技能为基础。从描红到描字，从抄写到听写，一个不能写的言者，渐渐就转变成一个能写的言者。由听写和抄写（当然不限于这两个基础，还包括更多，尤其是内联言语行为）进一步发展而来的创作的写的能力（writing）。这既是个体的语言行为技能之一，又进一步大大扩展了他的语言行为范围。

内联语言行为是借由一切形式的语言刺激（听觉、视觉）引发的，但又与仿说和抄写以及阅读和听写这几类行为不同，在刺激和反应上不存在点对点的一致关系（对于仿说和抄写，刺激和反应在形式上类同；听写和阅读则存在点对点的对应）。这样的语言行为，斯金纳将其命名为内联语言行为。比如，被问"2+2 = ？"之后回答"4"的行为，就是一种内联语言行为。一切形式的言语刺激（听觉和视觉）所引发的言语反应，如果不能归类在有点对点对应关系的上述四类语言行为中，都可以概略地归类在内联语言行为之中。

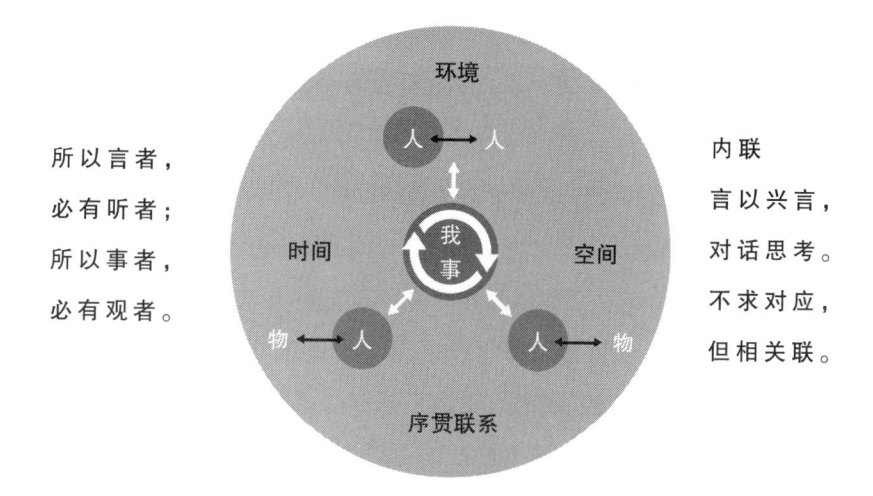

所以言者，
必有听者；
所以事者，
必有观者。

环境
人↔人
时间　我事　空间
物↔人　人↔物
序贯联系

内联
言以兴言，
对话思考。
不求对应，
但相关联。

用不专业的俗语来感性地描述受语言刺激控制的这类语言行为，我们可以形象地称之为"话"生"话"的行为（仅仅是为了方便理解，不可追究用词的准确与科学）。以"话"生"话"，把一个不能"言"者培养成合格的言语社区的"言"者！

第三种情形就是受言者所在的物理世界中的物与事（the thing and event of the physical world）控制的语言行为。物理世界中的物连同其属性、事连同其变化作用到言者，言者在听者存在的背景下向听者描述（名事状物）。斯金纳把这一类语言行为概括为言指（名事状物"Tact"）。国内学者通常翻译为命名，有失狭隘。斯金纳不是一个创立新名学的好事者，特别讲究能简不繁，能旧不新，所以整个语言行为词汇中没有出现几个新词，而言指（名事状物，Tact）就是其中之一。读书到此，不能不甚加琢磨，不得不广为留意。

而要透彻领悟他创设"Tact"一词的究竟，除了深入了解各种 Tact（言指）实例，尤其是他所列举的各类扩展言指（Extended Tact）的实例，还要时刻咂摸他创设此词的思想根本：Tact 这个词有提示"与物理世界接触"的行为意涵。（The term carries a mnemonic suggestion of behavior which "makes contact with" the physical world）。

斯金纳之所以弃传统的"象征""符号""意义""信息"等语义学或逻辑学的专业词汇不用，就是因为这些词都只强调或指向语言行为本身，而不是语言行为与其控制因素的关系。因此，在这里我把"Tact"翻译成言指（名事状物），大家也应该注意，这个"指"不是指语言行为本身的意义所在，而是"指"向言之由来的控制变量，是言外之物，而非言之所指（意义）。虽然言外之物和言之所指有交叉重叠之处，但区分它们对于理解整个斯金纳的语言行为体系是至关重要的。

言指（名事状物）作为一类语言行为，其本身构成了传统语言学研究的重点，也是传统的意义学理论的几乎全部研究对象。

名、实、意交织，它又与哲学、逻辑学不无瓜葛。斯金纳的言指（名事状物）所说多在言外（控制变量），而言指本身也就是语言行为（因变量），它的意义多在言内（是逻辑学、意义学的研究对象）。

然而逻辑学、语义学作为传统的学问对于我们来说又如此熟悉，这些语义上的专业名词对我们领会斯金纳的"言指"，不仅没有促进，反而妨碍了我们按照斯金纳的思路去理解语言行为。斯金纳在撇清传统语义或意义学的影响上面，着墨甚多，读者怎可轻易绕过？！

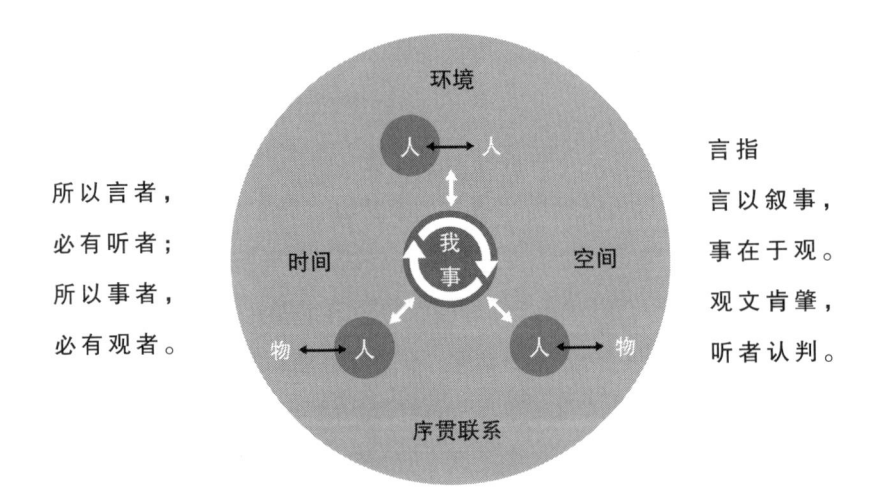

所以言者，
必有听者；
所以事者，
必有观者。

言指
言以叙事，
事在于观。
观文肯肇，
听者认判。

环境 / 时间 / 我事 / 空间 / 序贯联系

有物先在（A）；有事既发（A）；名事状物（B）；听者有答（C）。这就是第三类语言行为的基本模式。

若有人真的读懂了斯金纳的《语言行为》的第五章（Chapter 5: The Tact），或者假使斯金纳再生且又精通汉语，他当对此论断戚戚同感。

"名不实指（语言的意义皆为虚指，是抽象的概念），实自无言（物离开言者只是寂灭无识）。名实关联，在时在境。"

境下（际会因时）有物、有事（可名）有人（听者和言者），言者才有了"名事状物"的语言行为，听者置身其中，自然对言者的"言指"也能反馈一二。然而，物之本，言不可及[对物理世界的本质、本来，是我们的言语行为所不可触及的（见康德）]；物之相（物理世界的现象），言语又不能涵盖毕尽。言者、听者也不过各得其一二相而已。但就是这一二相，听者也可以馈赠言者：异、然、否。

异者，你见一，我见二也。
然者，你见一，我见一也。
否者，你见一，非一也。

不要小觑了这"异、然、否"，无相异，怎知世界多彩多姿；无相同，你我又有何可说；无相否，"真确"又从何而来？知同异，识真确，无论对言者还是听者，还是对我们共生的言语社区，其价值与意义，还需要多说吗？！而这一切，无不在言者和听者之间的互动中产生。

同时，我们也应该注意到，不同的语言社区，对言者"言指"（名事状物）行为的包容程度（相异、相同、相否的程度）是存在很大差异的。

在文学语言社区，包容程度最大。言者可以有各式各样的"扩展的言指"行为，可以夸张、夸大，可以明喻、暗喻，可以猜度、想象，可以寓言、箴言，可以局部代替整体。

在一般生活社区，包容程度也是一般。但某些语言文学社区可以出现的言指行为在这里，就有可能受到惩罚（比如，你可以在文学作品里借作品中人物的口说出那些在日常生活中触犯禁忌的话，但在日常生活中，说出这些话就会遭到惩罚）。

在科学社区,包容程度最小。一般而言,科学社区不鼓励"扩展的言指(名事状物)"行为,而强调"言指(名事状物)"严格地对应引起言指行为的物理世界中物、事或其属性本身。言者自身的兴趣、主观发挥被限制到最小。

与物理世界接触,名事状物的"言指"行为虽然难为客观精确,但毕竟言者与听者同处一个物理世界,言者有指,听者有应,相异、相然、相否都还可以因为与共同的第三者(外在刺激)的接触而直观自明或者经过反复接触而得到印证。

与人际世界的接触,他者(听者)言说举动,虽不似物那样相对恒在,但也客观可察可记,言者听、仿、读、写,其源头也可追溯。

与自己的内心世界接触,由内在世界的刺激所激发的名事状物的"言指"行为,我们以"我牙痛"为例,语言社区又是怎么样塑造、强化并建立这类来自言者内在世界的刺激(私有刺激,不可被公开观察、测量、分享的刺激)所激发的语言行为的呢?

斯金纳在言指这一章里提供了四种可能的途径。

1. 借内在(私有)刺激普遍伴随的外在(公有)刺激:牙痛是一个内在刺激(痛觉刺激),但牙和牙龈组织的病变(肿胀、发红、龋变的牙和牙龈)是普遍伴随痛觉刺激(内在刺激、私有刺激)的外在(公有)刺激(可以被他者感知的刺激因素)。这个外在刺激(公有刺激)就可以被言语社区利用,来建立对内在刺激(私有刺激)激发的言语行为的强化。

斯金纳进一步举例说,这就像一个盲人通过触觉(内在刺激)感知一个物品(外在刺激),而他的老师通过视觉(内在刺激)感知同一个物品(外在刺激),再结合仿说教会一个盲人命名该物品并强化此命名的言语行为。这里最关键的纽带是,触觉性的刺激和视觉性的刺激(都属于内在刺激)是相当紧密的由同一个物品(外在刺激)相联系着。

这里,需要大家了解三类刺激的不同,外在刺激(物品),该刺激引发内在刺激变化(触觉与视觉),觉知就是一种言语行为反应(命名物品)。

严格意义上,一切感觉都是内在刺激(视触嗅听味以及本体感觉),我们经常会把视觉误会为外在刺激,那是因为我们都能看。对于一个不能看的人,看的体验就只能是看者的内在刺激了,但他可以触知一个外在刺激,如同一个能看的人因看而知一个外在刺激。这些"知"又都需要言语社区的教育（强化）而获得（因而是一种特殊的言语行为）。

在行为学里，刺激代表着世界中一切的物与事（包括行为前、后事件以及行为本身的事件）。

2. 第二条途径是利用针对内在刺激的并联反应（collateral response），而这些并联反应对听者和言语社区而言，往往是外在刺激（公有刺激）。譬如，牙痛（这个内在刺激）除了触发"我牙痛"这个语言行为，往往还触发"以手捂住牙这部分脸颊""皱眉等特定的面部表情"或者"以特定的时序发出的呻吟声"等。当语言社区看到这些外在行为反应（外在刺激）的时候，也总是能够有效而恰当的强化言者"我牙痛"的语言行为。

3. 第三种途径就是利用比喻或者替代等"扩展言指"的方式而完全绕开内部刺激。比如心情低落，情绪激越（整合不良的兴奋激惹状态，紧张），心花怒放（时序和空间形态）等语言行为，大概取义于一些内在刺激与外在刺激在空间形态、时序性和强度上类似（或常相伴随）的一种类比（或替代）言指。通过这样的扩展言指行为，听者不必获取内在刺激本身，也能对由该刺激激发的言者行为有所然、异、否（只是听者对此类言语行为的反应没有那么确切的把握去反馈而已）。

4. 如果一个行为是用来描述自身，即对行为自身的行为反应，比如"我在开窗户"，言者开窗户的行为与言者的"我在开窗户"的言语行为，对听者而言，同时且分别是两个外在刺激（公有刺激，分别借助于听和看而知其存）；对言者自己，这也是同样的外在刺激。但言者描述自身行为的言语行为并不总是能够得到语言社区的强化，相反，甚至有可能得到惩罚，因此，言者描述自身行为的言语行为就有可能在听者看来消失或者消退，但对言者而言，却不尽然，他的开窗户的行为刺激可能依然足够强大到引发描述该行为的"言语行为"，只是这个时候，他的"言语行为"变为一个只有言者自己感受到的"内在刺激"（私有刺激），是一种未公开声张的听者为自己的"言语行为"。

"天要下雨"作为一个言者的言语行为，如果同属一个言语社区的听者与言者同处一个"天要下雨"的外在刺激背景之下，听者即能当下强化言者："是的，眼看就要下了"。在这里，言者的言语行为被听者强化，是因为听者与言者同在"言指"的背景之中。

但是，如果"天要下雨"这个言语行为正好是听者当下关注的内容，而听者又不在与言者同一个"天要下雨"的外在刺激背景之下，那么言者的"天要下雨"对听者而言就是一个不尽完善的"言语行为"，听者可能不是当下对言者进行"异""然""否"的回应，而是可能对言者回应以"你怎么知道的？"

听者对言者的这样一个回应，有两个功能，听者不仅关心"天要下雨"这样一个言者的语言行为，更关心引发言者"天要下雨"这样的语言行为的控制变量。因此，言者"天要下雨"的语言行为，在听者的影响下（历史的或者当下的），可能就有如下补充和变化。

"（我看到天空乌云密布，风声乍起，该是）天要下雨"，通过言者的这个"言语行为"，听者即知言者的言语行为为"言指"（tact）。

"我从报纸上读到'天要下雨'"，听者即知言者的语言行为为诵读（textual）。

"我听李四说'天要下雨'"，听者即知言者的语言行为为"复诵"（Echo）。

如果言者了解到听者今天要外出野餐是时下听者的一个强烈期盼，说"天要下雨"就是一个带有厌恶性后果的语言行为，言者在表达这个基础的语言行为"天要下雨"时，可能会加入"我不得不说'天要下雨'"，或者"我恐怕要说'天要下雨'"这些对言者"天要下雨"控制变量的补充描述，对听者的价值和意义是不言而喻的。反过来，听者也只有在比较精准地了解到言者"天要下雨"及其由来，才能更为精准地回应言者的语言行为。

这种在既有语言行为的基础之上或依存于特定语言行为的语言行为，斯金纳称之为自引申（Autoclitic）语言行为。自引申语言行为是对影响或控制基本的言语行为的前、后变量因素的补充描述，既可以指向引发基础的言语行为的变量因素以及其属性，也可以指向既往该基础的言语行为在听者那里获得的厌恶或强化性的后果，以及对反映这种后果的调整或补充。

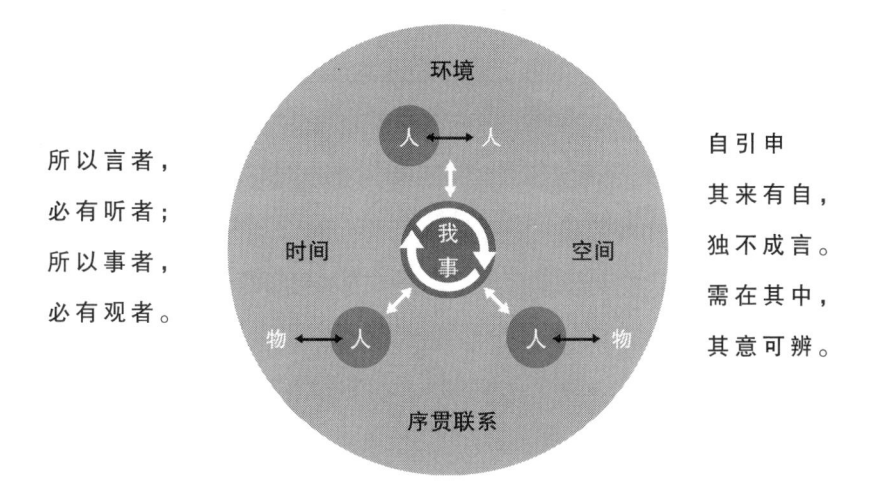

所以言者，
必有听者；
所以事者，
必有观者。

环境
人 ↔ 人
时间　我事　空间
物 ↔ 人　　人 ↔ 物
序贯联系

自引申
其来有自，
独不成言。
需在其中，
其意可辨。

　　自引申行为本身与其他行为一样，也是操作性行为的一部分，受行为前、后因素的控制和影响，但它看起来更像是一个内在的"我"在表达主张、目的、态度、意图和情感，因此更具有"心理理论"的迷惑性。

　　应该说，自引申语言行为是斯金纳对语言行为操作性解释的一大重要发现，在前述几类受刺激变量控制的语言行为本身的基础上增加了对语言行为由来（控制言语行为的刺激变量以及其属性）的补充描述，极大丰富并完善了我们对言者行为的操作性理解。

　　言者的言语行为受言语社区里的听者强化而习得，强化言语行为的听者本身逐渐地成为控制言者言语行为的区辨刺激，只有在听者（可以是言者自己）在场的情况下，言者才有可能有言语行为出现，听者不在场，则言语行为终止或者消失。

　　这个在场的、作为控制"言者""语言行为"的区辨刺激的"听者"，斯金纳将其特别地区隔出来，称之为听众（Audience）。所以，"听者"是以"听者行为"强化"言者""语言行为"的专称；"听众"是以"在场身份"控制"言者""语言行为"的专称。

　　与控制"言指""复诵""朗读""内联"等语言行为的区辨刺激影响特定的语言行为不同，"听众"这个区辨刺激，控制着一大组不同的语言行为反应，并且不同的"听众"控制着"言者"不同的"亚分类的语言行为库存"（subdivisions of the repertoire of the speaker）。

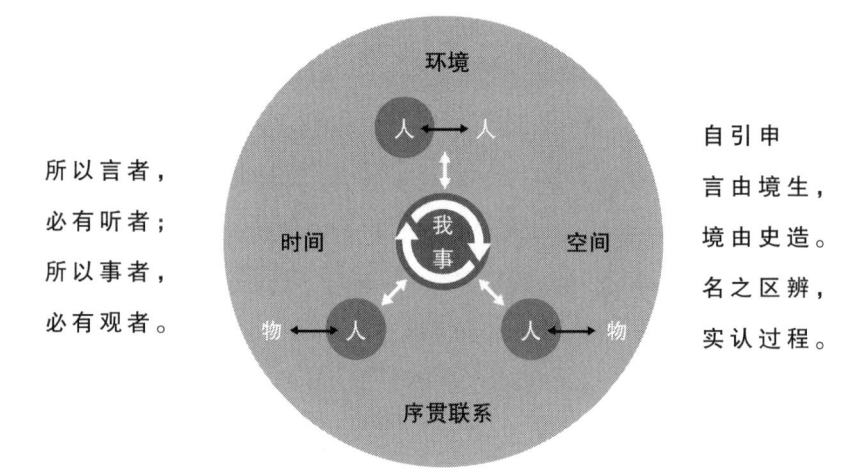

所以言者，
必有听者；
所以事者，
必有观者。

环境
人 ↔ 人
时间　我事　空间
物 ↔ 人　　人 ↔ 物
序贯联系

自引申
言由境生，
境由史造。
名之区辨，
实认过程。

控制最大的"亚分类语言行为库存"的"听众"，是这样的语言社区，在这些社区里，那些被称为"英语""法语""汉语"等语种（language）的"语言行为"得到强化。

在同一个语种的语言社区内部，许多行话、黑话、方言、俚语等语言行为则被特殊的"听众"控制。一个成年人在成年人堆里很难说出"婴儿话"，但给这个人一个孩子，这个人自然而然地会有"婴儿话"脱口而出。我出生并成长在山东汶上老家的农村（在那里生活了十九年），在我工作的圈子里，即便我想露几手山东汶上农村的土话，也未必就能张口就来，即使说出口也还是有几分不像，但一回到老家农村，那些土话就喷薄欲出。

斯金纳区分了三类"语言行为"发生可能性较低的情况：没有听众的情况下；有听众但听者不强化语言行为的情况下；有听众但听者惩罚语言行为的情况下。在最后一类情况下，这样的听众，斯金纳专门称之为"负面听众"（The negative Audience）。皇帝、高官、上司、领导都是极有可能成为"负面听众"一族的候选；对于孩子而言，父母也经常在特定的时候成为"负面听众"。心理治疗师对她的患者治疗的第一步，就是把自己变成一个"不惩罚"患者"语言行为"的"听众"。

不仅"听众"因听者行为而成为言者"语言行为"的区辨性的控制刺激，伴随听者行为的其他联属刺激（物理环境，谈话主题），也因此而产生了部分的控制性影响，并也具有了某些"听众"效应。在咖啡馆、商场、餐厅、俱乐部，人们的话自然就多；在图书馆、教堂，话就变少，前者间接拥有了部分听众效应，后者间接拥有了部分"负面听众"的效应。

直觉经验与清楚明白的道理（规则指导下的行为）

在人类掌握了语言行为以后，人的行为不仅受控于当下的条件和机会，还可以受控于规则。这个话题涉及行为学原理里的两类不同的行为学习经验。一类叫作规则指导下的行为（Rule governed behavior, RGB），一类叫作条件和机会塑造的行为（Contingency Shaped Behavior, CSB）。

前者通过讲解道理、解释规则（用语言的途径描述一个行为依联）改变行为，后者则是通过直接的接触条件和机会而逐渐习得的一种行为能力（相关的具体概念见本节延伸阅读）。以心理理论（Theory of Mind）指导的一个教学案例，可以用在这里方便说明这个的主题。

老师事先在软糖的包装筒（不透明，但包装显示是软糖）中装入纽扣。教学时先给孩子呈现这个软糖筒，让孩子猜这里面是什么。孩子猜是"软糖"，然后，让孩子自己打开看一看，结果发现是纽扣。然后，老师跟孩子有一段对话：

  老师："你开始认为这个筒里是什么？"
  孩子："软糖。"
  老师："这个筒里实际上是什么？"
  孩子："纽扣。"

随后，老师拿起桌面上的一个玩偶（名字为佳佳），问孩子："佳佳会认为这（软糖筒）里是什么？"孩子回答："纽扣。"（错误反应）。于是，老师开始教学（道理）：

"佳佳不知道这个软糖筒里实际上是纽扣。只有我们知道，这里面现在装的是纽扣。一个人如果不知道一个东西已经变化了，他就会认为一切都和原来一样。佳佳不知道软糖筒里的东西已经变成纽扣了,所以,佳佳会认为,这里面是软糖。"

这是心理理论指导下的一个教学视频的文字描述。在视频里,教学重点就是试图向学生讲明白一个道理,因为道理(或者规则)通常是具体事物的抽象化或概念化。因此,一个学生如果明白了一个道理,似乎就可以驾驭这个"抽象"所指向的所有"具体"。

比如,在该视频里,似乎只要老师反复解释这个道理,学生终究会明白领悟,并且在接下来的测试中顺利过关。就像我们大多数看这个视频或这个案例的人所体会的那样,感觉老师所讲的道理是"清楚明白"的,既然"清楚明白",当然可以指导目标行为的获得和学习。

真的如此吗?

对人类这个整体而言,抽象的道理固然是存在且有实际用途和指导意义的。对于个体而言,抽象道理的"清楚明白"却是通过"清楚明白的道理"所指向的"个别具体经验"的把握和积累才得以实现的。无论是个体在经验的基础上自悟,还是在经验基础上经他人指导、点拨或引领下悟到,都必须以"个别具体经验"的把握和积累为基础。

譬如,我们必得看、听、尝、摸过橘子,才可以学习它是"橘子",在学习它是"橘子"的基础上,我们再看、听、尝、摸各式各样的不同的具体的橘子,我们才可以进一步给这个"橘子"以抽象的定义(这个抽象的定义,就是橘子所以谓"橘子"的"道理")。

由此可见,"个别具体经验"的获得是"规则"或"道理"实现"清楚明白"的前提。个别具体经验的获得可能是直觉意识的结果,可能知"然"而未必清楚明白"所以然"。比如,一个孩子在掌握了一定的对橘子的"具体经验"以后能够自觉地识别出一个从未见过的橘子是橘子,却未必能讲明白它为什么是橘子。

直觉意识和具体经验的获得过程,就是"条件和机会"塑造的行为学习过程。譬如在上个案例中,我们完全可以把"讲道理"的教学还原为道理所以形成的"条件和机会"的教学。

譬如,我们不是拿一个假的人偶让孩子去猜并在他猜错了之后给他讲任何道理。而是，我们让他猜真实的小朋友可能会说这个软糖筒里装的是什么，如果猜对，他得到软糖；如果猜错，他则需要等下一个猜对的机会。我们可以请小张、小王、小李、小赵、小红、小白、小蓝、小黄……分别来说，每个人都会提供他一个实实在在的教学机会，矫正他（如果他猜错）或强化他（如果他猜对）。不必借助于任何道理的讲解，只对他猜测的行为施以"对"与"错"的结果就足以让他学习如何猜对。如果在某个小朋友那里获得突破（正确猜对的机会），那么，不管怎么换小朋友，他猜对的可能性会越来越大，以至于最后，他终于不再猜错。

在此基础上，我们可以把装软糖的筒换成装薯片的筒，如法炮制。若是也都通过，我们还可以换成装巧克力的盒子。如此下去，直到我们用一个从未在练习中出现过的包装盒请一个从未做过这个测验的小朋友来猜，他都能正确预测小朋友会说什么，那么，该情形实际上就是我们做心理理论测试的初始过程。而且他的表现说明他通过了。这个过程，我们没有讲任何道理，只是给了他去猜测别人的条件和机会而已。

事实上在我看来只有这样的孩子（心理理论测试通过）我们才可以尝试给他讲其中的道理，因为他显然已经经过"条件和机会"的塑造，而积累掌握了一定的"个别具体"的"直觉经验"。虽然这个"一定的"是因人而异、量质不同的。

《庄子·外篇·秋水》中，河伯与北海若的一段对话："井蛙不可以语于海者，拘于虚也；夏虫不可以语于冰者，笃于时也；曲士不可以语于道者，束于教也。今尔出于崖涘，观于大海，乃知尔丑，尔将可与语大理矣。"不也正说明了经验与道理的辩证关系吗？！

延伸阅读

《行为原理》第七版中相关基本概念和重点我摘录在这里，供大家参考和复习。

规则（rule）：对一个行为依联的描述。

规则控制（Rule control）：对一个规则的陈述控制了该规则中所描

述的反应（行为）。规则陈述会让不服从规则变成一个厌恶条件。

规则控制的行为（Rule Governed Behavior）：受规则控制的行为。

依联控制（contingency control）：一个依联，直接控制行为而不涉及规则。

依联控制的行为（contingency-governed behavior）：受依联而不是规则控制的行为，又称为依联塑造的行为（contingency-shaped behavior）。

直接作用的依联（Direct-acting contingency）一种控制反应的依联，在该依联中，反应的结果会强化或惩罚该反应。

间接作用的依联（Indirect-acting contingency）：一种控制反应的依联，尽管反应的结果不强化或惩罚该反应。如果一个依联是间接作用的，那么究竟是什么在更直接地控制该行为呢？那就是描述这个依联的规则陈述，在任何时候，只要存在一个有效的间接作用依联，就必定有一个规则掌控的行为。尽管一个依联可能是间接作用的，但反被间接强化了这种说法也是不正确的。如果一个行为出现的话，那就是因为它被强化了，而且它是被直接强化了。没有所谓"间接强化"这东西。

无效的依联（Ineffective contingency）：不控制行为的依联。

容易遵守的规则：描述的结果重大且很有可能出现。延迟与否并非关键因素。

难以遵守的规则：描述的结果要么太微小（尽管累积起来往往会有重大影响），要么不太可能出现。

表现管理的三个依联的模型：无效的自然依联；有效的间接作用的表现管理依联；有效的直接作用的依联。

如何管理没有语言的服务对象的行为：我们添加或去除直接作用的依联，以补充无效的自然依联，并且/或者去除不当的自然依联。

如何管理有语言的服务对象的表现：我们往往会对无效的自然依联添加间接作用的依联。也就是说，我们对难以遵守的规则添加容易遵守的规则作为补充。当然，我们有时也会添加或去除直接作用的依联。

第二章 预防问题行为

第一节 问题行为的定义

问题、问题行为与管理辨析

生活中我们存在各式各样的问题,家长和管理者也可能因各式各样的儿童的问题而管理和教育儿童。有因为儿童喜欢什么而成了问题并引起管理者关注或者担心的,比如,对网络和网络游戏过于热衷乃至于到成瘾或者上瘾的地步;儿童喜欢玩水、看动画,以至于拖延或者耽误了作业;儿童喜欢吃肯德基、麦当劳而欲止不能。有因为儿童不喜欢什么而成为问题引起管理者关注或者担心的,比如,儿童不爱写作业,害怕上学或者讨厌上学,不喜欢老师,不懂礼貌,不爱劳动等。还有因为预期儿童会有、该有什么而他却偏偏没有而成了问题引起管理者关注或者担心的,比如,儿童该会独立行走而不能,该会说话而不会,缺乏眼神对视和对家长或者小朋友没有兴趣等。既然是问题,并且又引起管理者的担心和关注,那就免不了对儿童进行管理和教育。

但是,问题是仁者见仁、智者见智,因人而异、因时而异的。比如,爱玩水、喜欢玩电脑游戏等,有人认为是问题,有人认为不是问题;有人此时会认为是问题,但彼时就不认为是问题;有人认为每天不超过 1 小时不是问题,有人认为不超过 3 小时就不是问题,有人甚至认为一天到晚玩电脑也不一定是问题。

问题是管理和教育的始动因素,但是问题本身却又如此主观、模糊、多变，它带给我们管理者怎样的启示？肇始于这主观、模糊而多变的问题而兴起的管理是否能一蹴而就呢？比如，喜欢玩电脑游戏被管理者视为问题，管理者就有管理的动机和实际行为，如果管理者说"你已经玩足够长时间的电脑游戏了，现在应该关掉电脑"，被管理的儿童就关掉了电脑。此时该儿童仍然是喜欢玩电脑游戏的（如果不被管理，他会继续），问题并没有消失，但管理者会心满意足。

但多数管理者并不认为他们的管理会如此一帆风顺。那么，在管理的过程中，挑战管理者或让管理者真正头痛的是什么呢？如果该儿童不关掉电脑，或者似乎没有听见管理者说什么，继续玩游戏而没有终止的意思会怎么样？如果他跟管理者讨价还价、摔鼠标、推人，甚至对管理者恶语相向会怎么样？如果管理者一接近他，他就撞头甚至拿刀子划伤自己，又会怎么样？如果管理者已经为此而头痛，以至于管不了或者开始变得不敢继续管理，那又意味着什么呢？

这些给管理带来挑战的地方，使管理者头痛的表现，让管理不那么一帆风顺的困难正是问题行为所在。就普通管理者而言，管理常兴于问题，而止于问题行为。

问题行为定义

什么是问题行为？这似乎是一个耳熟能详却谁也说不太清楚的问题。笔者的印象所及，似乎还没有公认的、统一的关于问题行为的定义。因此，在本节只能对各式各样的关于问题行为的理解和相对认可的定义作一介绍和探讨。

首先，相对于具有主观、模糊、多变性的问题而言，问题行为追求最大限度的公认性、一致性。其次，问题行为若要求得到最大的认同，且时时处处都被认同，那么，它必将是外显的行为而不是内隐的行为。也就是说，该行为应该是可被观察到的，包括行为的环境背景、行为本身以及行为的结果（效应）这三因素以及三因素的序贯联系，都应当是客观可观察的。

唯有客观可观察的性质，才能得到最大限度的认同。

哪些行为可以被认为是问题，同时又具有客观可观察的特点呢？以下五类行为差强人意地满足这条标准。

1. 攻击类行为（aggressive behavior）

击打，掐拧，扯头发，撞头，抓扯，咬人，踢踹，推拉，冲人吐唾沫，把物体砸向某人或任何武力性的身体接触。

2. 自伤类行为 (Self-injury behavior, SIB)

指向自己的任何武力性的身体接触，比如，通过击打、捶、咬、挖、扯头发、掐拧皮肤、抠眼睛、撞头或使用物体伤害自己。

3. 破坏性行为

从事毁坏财物，砸向硬物，跳起，蹦跳，站在家具上，尖叫，扔东西，踢、拉物体，脱衣服或谩骂。

4. 逃跑或逃避行为

跳离座位，走或跑开房间，拖延磨蹭或制造麻烦以拖延逃避。

5. 自我刺激类行为

重复性的语言或身体反应（摇摆，扑翼样拍打手或胳膊，凝视，搓手，玩涎水，手淫，吮吸物体，异食癖，重复性呻吟或尖叫）。

最后，问题行为通常指向那些过度的而非缺陷性的行为。所谓过度行为，指的是不希望出现但儿童却出现了，甚至是频繁出现的行为。一般来讲，管理者是不希望该行为出现或者希望其尽可能少出现的。缺陷性行为则相反，是管理者预期儿童应该出现或者希望出现但儿童缺乏的行为，这一类行为通常与认知、情感、意志等行为能力有关。

在应用行为分析中，问题行为是一个关键且专业的术语，如果搞不清或不能真正领会这个概念，是不可能真正做到行为分析的。因为只有确定了问题行为，才有可能把问题行为置于某个特定的背景，才有可能了解在该背景下发生的该行为对于环境的影响和结果。如果问题行为是什么都还不清楚，或者不明确，那么问题行为在什么样的背景下发生，具有什么样的结果或功能就无从可知了。给大家举一个例子。

妈妈和姥姥两个人共同教养一个孤独症的孩子。

姥姥在陈述孩子的问题行为时说"这孩子太爱玩水"。如上分析，爱玩水本身可能是问题，但并不是问题行为，所以咨询者问道："你允许他一直玩吗？"

"那怎么成啊？一天到晚地玩，别的事情都不能干了，吃饭时间都在玩水。"

"那你怎么制止他呢？"

"我开始就叫他不要玩水，他不听；我便上前拽他，他还是不听；我只得使更大的劲，结果孩子开始发脾气咬人，我只好退后，教育他咬人是不对的。过一会儿又去拉他，他又咬人！"

不让他玩水就咬人掐人，姥姥又舍不得打他，所以姥姥就觉得这个孩子管不了了，把孩子交给他妈妈。妈妈也不同意让孩子总玩水，去拉他的时候孩子照样咬人，妈妈厉害，一个嘴巴把孩子打哭了，但孩子边哭还边玩水，妈妈再拉的时候孩子不敢咬了，向着妈妈的反方向反抗，结果脑袋撞到水龙头上，这下妈妈心疼了，赶紧安慰孩子。孩子下次还照样玩，而且拉他的时候他自己主动去撞头，为了避免孩子受伤，妈妈也不敢再管他。最终的结果是孩子继续玩水，而且在姥姥面前就咬人掐人，在妈妈面前就自伤撞头。

这个例子可以说明一个问题（爱玩水）和两种问题行为的形式（咬人、掐人与撞头自伤）。

第二节　问题行为预防方法

不管是管

在前一节"问题行为定义"里，我们对问题和问题行为有了一些分辨。读者可以顺藤摸瓜地领悟，对于儿童的行为管理，多兴于"问题"而止于"问题行为",以至于"问题"积重难返,成为挠头、顿足、无奈、空愤懑的难题。

在预防问题行为的管理策略中,我们首先喊出"不管是管"的口号,其意旨就是正告大家,不要眼睛里总是儿童的"问题",不要动不动把一切都看成"问题",即使看出点什么"问题",也不要动辄"制止""批评""教育",以"管理"为能事。

为什么?

事事都管,有四个恶果。

其一,反正事事都有人替"我"想着,"我"就不必劳神,更不必费心去安排、去计划,或者提醒自己做任何事情,"我"需要的就是抓紧一切机会做自己愿意却被别人管着的事情,因为这个事情倘若不逮着机会做,可能就没有机会去做。

其二,本来"应该做""主动做"的事情经过"事事都管"变成了"被迫做"和"为别人做";本来应该"缓做""少做"甚至"不做"的事情经过"事事都管"变成了"必须做""马上做""时不我待地做",甚至"总是在做"。

其三,因"问题"而管理,可能在管理的过程中产生各种各样的"问题行为",如果这些问题行为最终终止了对"问题"的管理或者拖延了所管理的"问题",比如拖延了去写作业的时间或玩水的时间,则"问题行为"将被强化,以至于最后被管的"问题"成了管不了的"问题"。

其四,事事都管会使得被管理者讨厌、憎恨和想尽一切办法逃避或躲避管理者。如果在管理的过程中使用了暴力的手段,还可能促使被管理者以暴力反制管理者。

"不管"为什么是"管"?基于如下几个理由。

其一,他律弱化,自律强化。以管理孩子终止玩电脑而去写作业为例。事事都管的管理者有两件事要去管:催促孩子关电脑,督促孩子写作业。这两件事情对这位事事都管的管理者都不是简单动动嘴就能成功的。不催不促,孩子不会有关电脑的行为,不督不促,孩子不会有写作业的表现。也就是说,本该孩子一个人自律完成的事情,需要额外耗上一个人全程陪着,而且不仅仅是陪伴,还要催、督、促。

管理者为何要催、督、促?因为完成作业是学生的使命?因为长时间玩电脑对眼睛不好？因为怕玩物丧志？因为老师会批评家长和孩子？……管理者可以举出这样做的万千理由。

问题在于管理者是怎么知道这些理由的？哪些经历和经验促使管理者有了这万千的催、督、促的管理理由？被管理者是否也具有同样的经历和经验？如何让被管理者拥有获得这些理由而必要的经历和经验？

在应用行为分析中，人类行为的习得通过两个途径：经由规则指导而获得（rule governed behavior）和经由条件与机会塑造而获得（contingency shaped behavior）。后者是基础，前者是捷径。抄近路的前提是必有一定的实际或者实践的经验（或教训）为基础（参考第一章直觉经验与清楚明白的道理部分）。

他律减少或者弱化，自律产生的"条件和机会"就会增加。长时间玩电脑之后产生的空虚感，作业一堆还没有开始而头痛，想到明天交不上作业而惶惶不安，夜已深人已困却不得不点灯熬油的苦楚……几乎与万千管理的理由同样多的"条件和机会"促使孩子产生自律的行为。但是，这些"条件和机会"却因为一个事事都管的管理者而不复存在。所以他律加强，自律必弱；他律减弱，自律必加强。

其二，不管是管，意在保持管理的效率。事事都管，反过来说就是事事都没管好，或者被管理者事事都不听管。管而不听，则管理效率必然下降，管理效率越低，则管理者的权威越被损耗。

举一个简单例子，要求儿童关电脑，管理者管理的过程可能如下。

"贝贝，你看电脑时间不短了，应该关上了。"

贝贝没有反应，继续看电脑，如同没听见。

"贝贝，妈妈跟你说话呢，听见了没有？不要再看电脑了，对你的眼睛不好。"

贝贝依然故我，没有任何关电脑的意思。

"贝贝，把电脑关掉！"妈妈向贝贝走来，同时语气变得强硬。

"好，好，马上关。"贝贝见妈妈走来，回头向妈妈说。

"嗯，乖，听话，看电脑时间长了不好。"妈妈又离开，去做别的事情。

过了 10 分钟左右，妈妈看见贝贝仍然在玩电脑。恼火地向贝贝走来，说道："怎么回事？到现在还不关？！"

贝贝赶紧做出欲关电脑状，同时求告妈妈："马上关，马上关，再有 5 分钟这个游戏就结束了。5 分钟，我就玩 5 分钟！"

"不可以！你玩得足够长了！"

"好吧，3 分钟，3 分钟以后我肯定关掉！"贝贝一副欲哭的样子。

"就 2 分钟，2 分钟不关电脑，小心你的屁股！"

2 分钟之后的事情我们暂且不再继续讨论，我们看到现在为止，妈妈要求贝贝关电脑的这个指令（或者管理贝贝关电脑这件事情）的效率是怎么样的呢？

$$管理的效率 = \frac{1}{\sum_{i=1}^{n}预期行为的指令(i)} \times 100\%$$

管理的权威 = δ × 管理效率（δ 在这里可以称之为权威系数，这个系数与管理者的个性、风格、管理时的情绪等因素相关）。

按照上述公式，假定 2 分钟之后贝贝自觉地把电脑关掉（这似乎是不大可能的事情），那么，从妈妈要求关电脑到贝贝自觉地关电脑这个预期行为出现，中间妈妈发了多少关电脑的指令呢？至少 6 次。管理的效率是多少呢，1/6 × 100% = 17%。这样的管理效率怎么可能有任何的管理权威呢？孩子要听这样的管理者的话那才叫怪事呢！

管理却没有结果是非常消耗管理效率的，管理效率的低下也就直接降低了管理者的权威。而不管，虽然没有增加管理者的权威，但也并没有降低。从一定意义上来讲，不管是对管理权威或者管理效率的一种储备。

要管的问题很多，随时随地都能发现需要管理的问题，无时无刻不会产生管理的动机和欲望。发现并管理问题，似乎是再自然不过的事情了。但是发现了问题却要忍着不管，就是管理者需要修行的能力了。不管需要能忍得住、放得下的定力和本事。不管的本事，不管的好处，都是需要刻苦努力才能得到。

　　对于家长来说，哪些事是最好不管的呢？笔者在此提出"三不管"，生活中尽可以多于这"三不管"，但是先不管"三不管"的事才能循序渐进地领会不管的要领和不管的好处，从而更加灵活自如地采纳"不管是管"的策略。

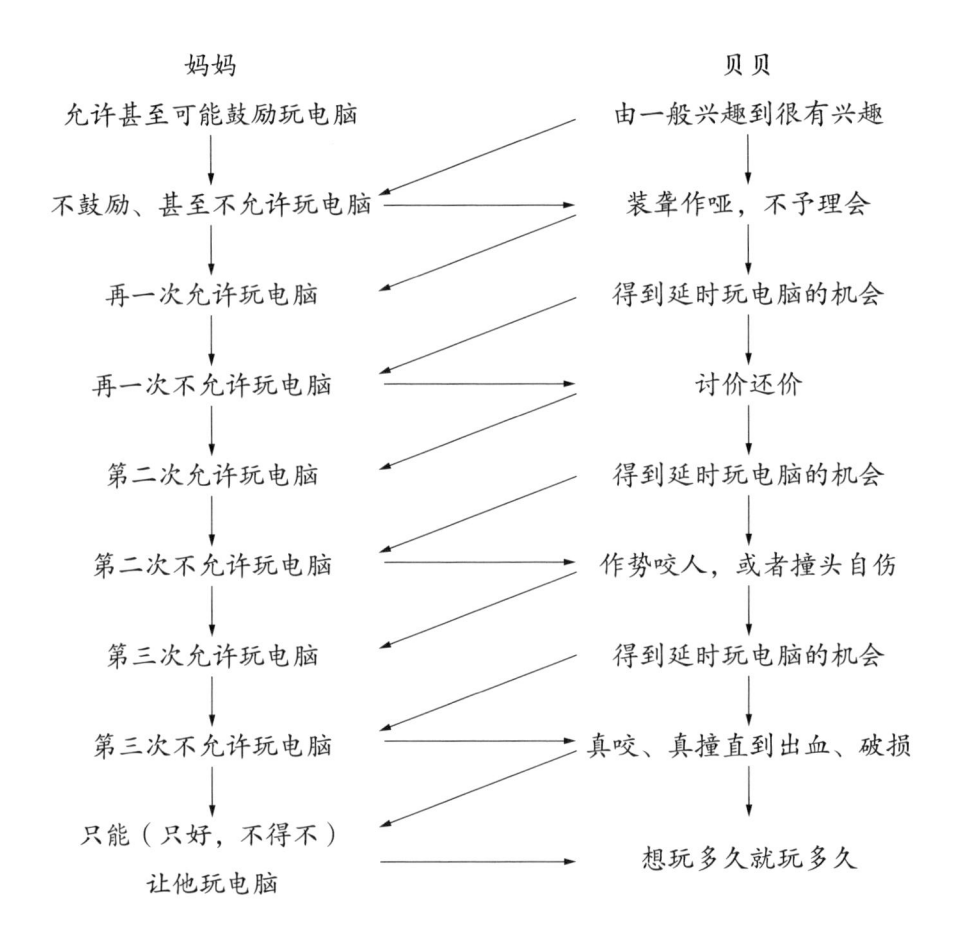

妈妈	贝贝
允许甚至可能鼓励玩电脑	由一般兴趣到很有兴趣
不鼓励、甚至不允许玩电脑	装聋作哑，不予理会
再一次允许玩电脑	得到延时玩电脑的机会
再一次不允许玩电脑	讨价还价
第二次允许玩电脑	得到延时玩电脑的机会
第二次不允许玩电脑	作势咬人，或者撞头自伤
第三次允许玩电脑	得到延时玩电脑的机会
第三次不允许玩电脑	真咬、真撞直到出血、破损
只能（只好，不得不）让他玩电脑	想玩多久就玩多久

"一不管"管不了的事情不要管

　　以妈妈要求贝贝关电脑为例，假定2分钟之后贝贝就真的关了。妈妈会认为这件事情难管（管起来费劲），但还是能管。注意，事情变得难管是走向管不了的第一步，因为之后事情会越来越难管。比如，即便过了2分钟，贝贝还是不关电脑。妈妈气急败坏，前来替贝贝关电脑，但贝贝咬妈妈的手不让她关；或者在妈妈靠近前，贝贝就以头撞桌子。妈妈这时候会躲避或者后撤，贝贝就不咬人或者撞头了。如果妈妈再来，他就真咬、真撞，直到出血、受伤，妈妈或躲或撤。前后故事整合，可以看到这样的脉络。

管理者因为儿童的某些问题产生了管理的动机和欲望，但是在管理的过程中遇到儿童的阻抗（儿童产生了一些新的问题行为：由被允许到不允许的消退过程中出现的消退爆发现象），管理者为逃避这些问题行为而妥协（管理者的妥协行为被儿童阻抗行为的消失所负强化）；经过一段时间，管理者适应了在管理的过程中儿童出现的阻抗行为（由不允许到再次被允许的结果正强化了的问题行为）而减少了妥协的成分（由再次被允许到再次不被允许），儿童原来一直得以强化的阻抗管理的问题行为被再次消退，儿童以升级的阻抗行为（又一次消退爆发引发的问题行为的升级或者更新的问题行为）来对抗，管理者在升级的阻抗行为面前再次妥协。如此往复，管理者妥协的行为不断地被负强化，而儿童升级的阻抗行为（问题行为）则不断地被正强化。以至于最后管理者彻底缴枪，一切的妥协都被掩盖在"不得不""没办法""根本管不了"的幌子下和印象中。

"一不管"行为者与管理者的特点总结如下图示（见图2-1）。

阻抗管理的问题行为特点：频率低，强度大，危害重。
管理者特点：

管理 ⟶ 妥协 ⟶ 再管理 ⟶ 再妥协

管住了 ⟷ 管不住

图 2-1　"一不管"：管不了的，不管

如果一个被管理的问题从既往的经验看常常是无果而终的结局，或者其结果是与管理者的初衷背道而驰的，那么从一开始不管理这个问题要比管理而无果或者得到适得其反的结果要好得多。这样的问题留待儿童自己去管，或者交由具有管理权威、管理效率的他人来管，或者管理者自己准备好新的管理策略与技能以后再管。

"二不管"：管不过来的事情不要管

儿童可能有各种各样的小毛病，比如，静不下来，坐不住，摇头晃脑，跑来跳去，咬指甲，抠鼻子，挠屁股等。它们或者出现在需要安静的场合，或者在大庭广众之下，或者出现在儿童发呆发愣无所事事的场合，被管理者动辄管理或者批评教育。

矫正这些行为本身并没有什么问题，也并不困难。问题在于，许多管理者往往只是就问题而管理问题，没有给被管理者指出如果他不花时间做这些事情，他接下来可以做点什么其他的事情，平时也没有培养儿童独自安静地做一些社会可接受的事情的习惯；管理者自身也没有去想如果终止儿童这些被管理的行为，接下来打算让他怎么打发这段"真空期"？有没有足够的精力和时间去管理他目前的这些行为问题？能不能陪他去做一些事情，以使他不再继续做这些行为？

> 在诊室经常可以看见类似的现象：家长带着孩子就诊，向医生反映孩子的情况或者倾听医生对于孩子问题的见解或者指导，而孩子可能在诊室里爬上爬下，玩水或动这动那，家长每每就会暂时终止跟医生的互动，去呵斥孩子："坐好！""别动！""回来！""听话！"等等。孩子每每在这样的提醒以后会稍微有点收敛，家长又继续和医生互动，但好景不长，孩子毛病依旧、家长又循环训斥，外加上一些威胁的话语"再动就甭想吃肯德基了！"或者"再不听话就揍你了！"等等。还有的小孩子在来之前家长答应看完病去买某件心仪的玩具，于是在诊室里念念不忘，时不时插话提醒父母或者医生这件事情。前几次家长还耐心承诺，后来就变得生气，甚至威胁孩子："再插话提这事，就不买了！"结果孩子更焦虑，插话次数更多，不仅插话问家长，还插话问医生，甚至拉拽家长或者医生的胳膊。

碰到这样的情况，医生一般都提醒家长先不要急着管孩子，就让他自由地玩耍表现，也有利于医生对孩子的观察和评估。家长往往一边点头称是，一边接着回头训斥孩子："别动水龙头！再动真揍你了啊！"。

就医生的观察来看，这样去管孩子的问题，问题反而越管越多、越管越重。如果家长真的听从了医生的建议，不去管孩子或者等着医生去管，则问题往往不会发展到让人恼火的程度。如果家长真的忍不住要去管理，医生建议尽早结束就诊，花点时间陪孩子做任何其他事情，而不是反反复复地就问题管理问题。

那些管不过来的事情，其特点往往是出现频率高，幅度小，危害不大。而管理者往往是既搭不起时间，也耗不起以行动而不是语言去管理的功夫。同时，眼里又不容沙子一样看不得孩子有这样或者那样的小问题，或者自己私底下能容，但在公共场合就有点抹不开面子。其管理的结果往往是问题越管越多，越管越大，自己越管越有情绪（脾气）。这样的管理不如不管，装聋作哑当瞎子，世界反而更清净。"二不管"行为者与管理者特点的总结参考图 2-2。

行为者特点：频率高，幅度小，危害不大。

管理者特点：搭不起时间，耗不上功夫，抹不开面子，容不下沙子

图 2-2　"二不管"：管不过来的事情不要管

"三不管"：可以缓行的行为缓缓再管

在生活中常有这样一类家长，眼睛里看不得别人（别家孩子）有一样比自己孩子多做的事儿，耳朵里听不得有一件对孩子有益却还没有做的事儿。自己对孩子没谱儿，却又极迷信所谓专家或者权威的只言片语，甚至是道听途说或者捕风捉影的事儿也至信不疑。这些家长三天两头给孩子定常规、立规矩，动辄就给孩子报兴趣班、课外辅导；早早就让孩子上幼儿园、入小学等。殊不知任何一个孩子对于一个新环境、新任务或者新规范都有一个认识和适应的过程。急匆匆硬逼着孩子做这做那，一旦遭遇孩子大哭大闹，则又傻了眼、手足无措，最后只能由着孩子来。这样的管理如同前面介绍的，

不如不管。

要给孩子以新的任务，或者立新的规范，应当有个契机，然后有逐渐渗透的过程。让孩子适应一个新的环境，要先做一些铺垫和准备的工作。比如，他准备上幼儿园了，先由父母或者家长带他到幼儿园玩耍，跟老师沟通，在家人陪伴下间断旁听一些课程或者活动，结识一些可能在一起的小朋友等。"三不管"行为者与管理者特点的总结参考图 2-3。

（缓中待机，借势而管）

行为者特点：新环境，新任务，新规范

管理者特点：听风就是雨，急不可耐，鸡毛当令箭，固执刻板

图 2-3　"三不管"：可以缓行的行为缓缓再管

主动满足

下面从三个方面论述主动满足的管理策略：主动满足为什么可以预防问题行为？如何主动满足？主动满足会不会宠坏或者惯坏儿童？

如同问题行为一样，主动满足容易理解却很难有一个公认的操作性定义。主动满足泛指一切在问题行为出现之前给予满足的行为。它可能包含但不限于如下几个层次：既无要求也无表达的情况下满足（意外惊喜）；无要求但清楚表达喜欢、爱好、不舍等情感的前提下满足；既流露喜欢之情感，又表达要求得到之意思的前提下满足。

主动满足为什么可以预防问题行为

主动满足可以预防问题行为发生似乎是不言自明的道理，没有谁为了天上掉馅饼的事而气愤或郁闷。从行为分析原理上看，这一策略行之有效可能与差别强化其他行为（DRO）以及非依从于条件和机会的强化（NCR）这两个行为原理有关。

如何"主动满足"

主动满足需要符合四个标准：满足的心理标准，满足行为的操作标准，满足的时机标准以及满足的排除标准。

1. 满足的心理标准是从"满足物"是否给被满足者带来足够快乐、兴趣和喜爱这个角度来衡量的，即所给予的事物应当是被满足者所喜欢、心仪甚至渴求已久的，至少是被满足者要求得到的。

2. 满足行为的操作标准是从满足的实施者实施满足行为的角度来衡量的，它要求实施者的满足行为是主动的、大方的，不附加任何条件的给予行为。

3. 满足的时机标准是从什么时候给予满足行为这个角度来衡量的，它要求满足的行为依从于被满足者表达要求和流露喜欢的情感的那个时刻给予满足。时机不准或者错时满足都会影响满足预防问题行为的效果，甚至造成问题行为也说不定。

4. 满足的排除标准是从什么情况下不能满足这个角度来衡量的。一般地讲，排除标准基于未及时满足（或者被拒绝）时出现的问题行为。这些问题行为往往给拒绝满足或者延迟满足带来极大的挑战，使得拒绝或者延迟满足变得不可能。

从现实的儿童管理角度看，符合上述四个标准的满足行为是少数甚至是罕见的，而违背其中一个、两个、三个甚至全部标准的满足行为却占绝大多数。

这些现象是否常见？

　　主动给孩子报了奥数、英语、绘画、舞蹈等学习班，而孩子不见得乐于接受？

　　把牛奶、鸡蛋、牛排、鸡块送到孩子嘴边，他却噘嘴蹙眉，十分不愿？

　　下了决心给孩子买了某物，他却吵着要另一个？

如果你认同，你违背了满足的心理标准。

这些现象是否常见？

  孩子跟你说："妈妈，小朋友都有'三国杀'（注：一种时下流行的纸牌游戏）了，你能不能给我也买一个？"
  你说，"行，只要你英语考第一，妈妈就给你买。"
  孩子说："妈妈，我可不可以下楼去找小朋友玩一会儿？"
  你说，"行，只要你把钢琴练习完了就可以。"
  孩子说："妈妈，我好渴，能不能喝一瓶可口可乐？"
  你说，"只要你乖乖地听话，不再乱跑乱动，回家后我就给你买。"
  回家了你又说，"可乐太不健康了，咱们还是喝妈妈做的冰豆浆吧。"

如果你认同，你违背了满足行为的操作标准。

这些现象是否常见？

  孩子跟你说："妈妈，小朋友都有'三国杀'了，你能不能给我也买一个？"
  你说，"啥都跟别人比，你怎么不跟别人比学习（英语、语文、数学等，一切你的孩子不擅长的东西）？"
  孩子说："妈妈，我可不可以下楼去找小朋友玩一会儿？"
  你说，"玩！玩！就知道玩！我怎么就听不见你说'妈妈，我可不可以先写作业？'"
  孩子说："妈妈，我好渴，能不能喝一瓶可口可乐？"
  你说，"渴了就喝水，喝什么可口可乐？"
  孩子说："……"
  你说："No，……（一大堆孩子不喜欢听的理由）"

如果连这个你也认同,你严重违背了满足的时机标准。

这些现象是否更为常见?

你的孩子不能等待,不能被拒绝,不能输。要他等待、拒绝他或者让他输,那就等于杀了他(意味着满地打滚,声嘶力竭,咬人、踢人、推人、撞人还是撞头、挖脸、长时间生闷气、不理人)。你是不是觉得你不得不赶紧、赶快、趁早满足他完事?

如果你认同,你严重违背了满足的排除标准。

主动满足会不会惯坏儿童

不会。但这里强调主动满足的策略并不是要求管理者事事满足儿童。主动满足并不等同于事事满足。只是要求管理者在满足的时候符合主动满足的四个标准,并且注意,一旦拒绝了儿童,很可能意味着在当下就没有了满足的可能(或者满足的时机)。在日常的背景下,让儿童保持75%以上的对要求的主动满足率,无论对于儿童的情绪还是对于儿童的管理,都是一个基础性的条件。少了就会有麻烦,太少了就会有大麻烦。

信言为美

在"不管是管"中我们提到管理权威的储备,"不管"不仅可以预防问题行为,同时也在一定程度上储备了管理者的管理权威。但是对管理权威最终的和最直接的影响因素并不是不管,而是管理,而且这些管理基本上以管理者对被管理者的要求(或者指令)的形式表现。管理权威与管理的效率成正比,管理效率则与围绕被要求的事情所发的重复指令(或要求)数成反比。因此,要达到管理是富有权威且有效的,就必须重视管理的效率,言必行,行必果。对被管理者的每一个指令性的要求都应以看到预期行为的及时完成为追求。简而言之,就是做到信言为美。

为了追求信言为美的管理效果，管理者在要求性的或指令性的管理上要做到"慎言为美"，也就是说，能不提的要求尽量不提，能不发的指令尽量不发（这两句话实际上是重复不管是管的策略）。

对"慎言为美"理解上容易，但操作上却很难把握：哪些指令要"发"，哪些指令要"慎"，哪些指令要"禁"，慎言为美并没有区分。所有指令都"慎"发并不见得就好，都"禁"了就失去了管理的意义。为了从操作上把握"慎言为美"的策略，笔者将日常对儿童的要求性指令划分为四个等级，从一等到四等。等级越高（一等、二等），越可以多发；等级越低（三等、四等），越要慎发，甚至禁发或者暂时禁发，等待管理权威树立以后再发。

一等的指令："令出即行"，甚至"不令而行"。

二等的指令：虽不确信其"行"或不"行"，即使不"行"，也可辅助其"行"。

三等的指令：不确信其"行"或不"行"，一旦不"行"，难于甚至无法辅助其"行"；但该指令可以转化为可以辅助其"行"的指令。

四等的指令：不确信其"行"或不"行"，一旦不"行"，难于甚至无法辅助其"行"；且该指令不能转化为可以辅助其"行"的指令。

从指令内容与管理者和被管理者的心理预期的关系上来看，一等指令往往是管理者有意无意回避或者少发而被管理者盼望多发的指令，比如"去买两个冰激凌，你一个，爸爸一个"；二到四等往往是管理者希望而被管理者总是试图回避或者逃避的指令，比如，"关掉电视"或者"去做作业"。后一类的指令往往利于孩子长期的发展，但于眼前可能是看不到或者体会不到任何好处的行为。

"慎发"甚至是"禁发"三到四等（尤其是四等）的指令，是从管理效率的角度考量的。这并不难理解。一个指令已经发出，但是被管理者却不愿意执行，而一旦他不主动去做，又没有办法辅助他完成，该指令很可能成为一个无效指令。需要再三重复，直到用其他手段（都是伤害被管理者权益或者感情的方式，并不提倡）逼其就范或者半途而废，不了了之。

三等指令到二等指令的转化，借用的是行为原理里等位刺激的概念，

书号	书名	作者	定价
	**融合教育**		
*0561	孤独症学生融合学校环境创设与教学规划	[美]Ron Leaf 等	68.00
*9228	融合学校问题行为解决手册		30.00
*9318	融合教室问题行为解决手册	[美]Beth Aune	36.00
*9319	日常生活问题行为解决手册		39.00
*9210	资源教室建设方案与课程指导		59.00
*9211	教学相长:特殊教育需要学生与教师的故事	王红霞	39.00
*9212	巡回指导的理论与实践		49.00
9201	你会爱上这个孩子的!:在融合环境中教育孤独症学生(第2版)	[美]Paula Kluth	98.00
*0013	融合教育学校教学与管理	彭霞光、杨希洁、冯雅静	49.00
0542	融合教育中自闭症学生常见问题与对策	上海市"基础教育阶段自闭症学生	49.00
9329	融合教育教材教法	吴淑美	59.00
9330	融合教育理论与实践		69.00
9497	孤独症谱系障碍学生课程融合(第2版)	[美]Gary Mesibov	59.00
8338	靠近另类学生:关系驱动型课堂实践	[美]Michael Marlow 等	36.00
*7809	特殊儿童随班就读师资培训用书	华国栋	49.00
8957	给他鲸鱼就好:巧用孤独症学生的兴趣和特长	[美]Paula Kluth	30.00
*0348	学校影子老师简明手册	[新加坡]廖越明 等	39.00
*8548	融合教育背景下特殊教育教师专业化培养	孙颖	88.00
*0078	遇见特殊需要学生:每位教师都应该知道的事		49.00
	**生活技能**		
*5222	学会自理:教会特殊需要儿童日常生活技能(第4版)	[美] Bruce L. Baker 等	88.00
*0130	孤独症和相关障碍儿童如厕训练指南(第2版)	[美]Maria Wheeler	49.00
*9463	发展性障碍儿童性教育教案集/配套练习册	[美] Glenn S. Quint 等	71.00
*9464	身体功能障碍儿童性教育教案集/配套练习册		103.00
*0512	孤独症谱系障碍儿童睡眠问题实用指南	[美]Terry Katz 等	59.00
*8987	特殊儿童安全技能发展指南	[美]Freda Briggs	42.00
*8743	智能障碍儿童性教育指南		68.00
*0206	迎接我的青春期:发育障碍男孩成长手册	[美]Terri Couwenhoven	29.00
*0205	迎接我的青春期:发育障碍女孩成长手册		29.00
*0363	孤独症谱系障碍儿童独立自主行为养成手册(第2版)	[美]Lynn E.McClannahan 等	49.00
	**转衔|职场**		
*0462	孤独症谱系障碍者未来安置探寻	肖扬	69.00
*0296	长大成人:孤独症谱系人士转衔指南	[加]Katharina Manassis	59.00
*0528	走进职场:阿斯伯格综合征人士求职和就业指南	[美]Gail Hawkins	69.00
*0299	职场潜规则:孤独症及相关障碍人士职场社交指南	[美]Brenda Smith Myles 等	49.00
*0301	我也可以工作!青少年自信沟通手册	[美]Kirt Manecke	39.00
*0380	了解你,理解我:阿斯伯格青少年和成人社会生活实用指南	[美]Nancy J. Patrick	59.00

社交技能

编号	书名	作者	价格
*0575	情绪四色区：18节自我调节和情绪控制能力培养课	[美]Leah M.Kuypers	88.00
*0463	孤独症及相关障碍儿童社会情绪课程	钟卜金、王德玉、黄丹	78.00
*9500	社交故事新编（十五周年增订纪念版）	[美]Carol Gray	59.00
*0151	相处的密码：写给孤独症孩子的家长、老师和医生的社交故事		28.00
*9941	社交行为和自我管理：给青少年和成人的5级量表	[美]Kari Dunn Buron 等	36.00
*9943	不要！不要！不要超过5！：青少年社交行为指南		28.00
*9942	神奇的5级量表：提高孩子的社交情绪能力（第2版）		48.00
*9944	焦虑，变小！变小！（第2版）		36.00
*9537	用火车学对话：提高对话技能的视觉策略	[美] Joel Shaul	36.00
*9538	用颜色学沟通：找到共同话题的视觉策略		42.00
*9539	用电脑学社交：提高社交技能的视觉策略		39.00
*0176	图说社交技能（儿童版）	[美]Jed E.Baker	88.00
*0175	图说社交技能（青少年及成人版）		88.00
*0204	社交技能培训实用手册：70节沟通和情绪管理训练课		68.00
*0150	看图学社交：帮助有社交问题的儿童掌握社交技能	徐磊 等	88.00

与星同行

编号	书名	作者	价格
*0428	我很特别，这其实很酷！	[英]Luke Jackson	39.00
*0302	孤独的高跟鞋：PUA、厌食症、孤独症和我	[美]Jennifer O'Toole	49.90
*0408	我心看世界（第5版）	[美]Temple Grandin 等	59.00
*7741	用图像思考：与孤独症共生		39.00
*9800	社交潜规则（第2版）：以孤独症视角解读社交奥秘		68.00
8573	孤独症大脑：对孤独症谱系的思考		39.00
*0109	红皮小怪：教会孩子管理愤怒情绪	[英]K.I.Al-Ghani 等	36.00
*0108	恐慌巨龙：教会孩子管理焦虑情绪		42.00
*0110	失望魔龙：教会孩子管理失望情绪		48.00
*9481	喵星人都有阿斯伯格综合征	[澳]Kathy Hoopmann	38.00
*9478	汪星人都有多动症		38.00
*9479	喳星人都有焦虑症		38.00
9002	我的孤独症朋友	[美]Beverly Bishop 等	30.00
*9000	多多的鲸鱼	[美]Paula Kluth 等	30.00
*9001	不一样也没关系	[美]Clay Morton 等	30.00
*9003	本色王子	[德]Silke Schnee 等	32.00
9004	看！我的条纹：爱上全部的自己	[美]Shaina Rudolph 等	36.00
*8514	男孩肖恩：走出孤独症	[美]Judy Barron 等	45.00
8297	虚构的孤独者：孤独症其人其事	[美]Douglas Biklen	49.00
9227	让我听见你的声音：一个家庭战胜孤独症的故事	[美]Catherine Maurice	39.00
8762	养育星儿四十年	[美]蔡张美铃、蔡逸周	36.00
*8512	蜗牛不放弃：中国孤独症群落生活故事	张雁	28.00
*9762	穿越孤独拥抱你		49.00

经典教材|学术专著

*0488	应用行为分析（第3版）	[美]John O. Cooper 等	498.00
*0470	特殊教育和融合教育中的评估（第13版）	[美]John Salvia 等	168.00
*0464	多重障碍学生教育：理论与方法	盛永进	69.00
9707	行为原理（第7版）	[美]Richard W. Malott 等	168.00
*0449	课程本位测量实践指南（第2版）	[美]Michelle K. Hosp 等	88.00
*9715	中国特殊教育发展报告（2014-2016）	杨希洁、冯雅静、彭霞光	59.00
*8202	特殊教育辞典（第3版）	朴永馨	59.00
0490	教育和社区环境中的单一被试设计	[美]Robert E.O'Neill 等	68.00
0127	教育研究中的单一被试设计	[美]Craig Kenndy	88.00
*8736	扩大和替代沟通（第4版）	[美]David R. Beukelman 等	168.0
9426	行为分析师执业伦理与规范（第3版）	[美]Jon S. Bailey 等	85.00
*8745	特殊儿童心理评估（第2版）	韦小满、蔡雅娟	58.00
0433	培智学校康复训练评估与教学	孙颖、陆莎、王善峰	88.00

新书预告

出版时间	书名	作者	估价
2024.04	这就是孤独症：事实、数据和道听途说	黎文生	49.80
2024.05	孤独症儿童沟通能力早期培养	[美]Phil Christie 等	58.00
2024.06	融合幼儿园教师实践指南	[日]永富大铺	49.00
2024.06	与他们相处的32个秘诀：和孤独症、多动症人士交往指	[日]岩濑利郎	59.00
2024.08	孤独症儿童家长辅导手册	[美]Sally J. Rogers 等	98.00
2024.08	孤独症儿童干预Jasper模式	[美]Connie Kasari	98.00
2024.08	孤独症儿童游戏和语言PLAY早期干预指南	[美]Richard Solomon	49.00
2024.08	融合教育实践指南：校长手册	[美]Julie Causton	58.00
2024.08	融合教育实践指南：教师手册		68.00
2024.08	融合教育实践指南：助理教师手册（第2版）		60.00
2024.08	孤独症儿童融合教育生态支持系统建设的理念与实践	王红霞	59.00
2024.09	特殊教育和行为科学中的单一被试设计	[美]David Gast	68.00
2024.10	沟通障碍导论（第7版）	[美]Robert E. Owens 等	198.00
2024.10	优秀行为分析师的25项基本技能	[美]Jon S. Bailey 等	68.00

标*书籍均有电子书

关注我，看新书！

微信公众平台：HX_SEED（华夏特教）
微店客服：13121907126
天猫官网：hxcbs.tmall.com
意见、投稿：hx_seed@hxph.com.cn
联系地址：北京市东直门外香河园北里4号

华夏特教系列丛书

书号	书名	作者	定价
	孤独症入门			
*0137	孤独症谱系障碍：家长及专业人员指南	[英]Lorna Wing	59.00
*9879	阿斯伯格综合征完全指南	[英]Tony Attwood	78.00
*9081	孤独症和相关沟通障碍儿童治疗与教育	[美]Gary B. Mesibov	49.00
*0157	影子老师实战指南	[日]吉野智富美	49.00
*0014	早期密集训练实战图解	[日]藤坂龙司 等	49.00
*0116	成人安置机构 ABA 实战指南	[日]村本净司	49.00
*0510	家庭干预实战指南	[日]上村裕章 等	49.00
*0119	孤独症育儿百科：1001 个教学养育妙招（第 2 版）	[美]Ellen Notbohm	88.00
*0107	孤独症孩子希望你知道的十件事（第 3 版）		49.00
*9202	应用行为分析入门手册（第 2 版）	[美]Albert J. Kearney	39.00
*0356	应用行为分析和儿童行为管理（第 2 版）	郭延庆	88.00
	教养宝典			
*0149	孤独症儿童关键反应教学法（CPRT）	[美]Aubyn C. Stahmer 等	59.80
*0461	孤独症儿童早期干预准备行为训练指导	朱璟、邓晓蕾等	49.00
9991	做看听说（第 2 版）：孤独症谱系障碍人士社交和沟通能力	[美]Kathleen Ann Quill 等	98.00
*0511	孤独症谱系障碍儿童关键反应训练掌中宝	[美]Robert Koegel 等	49.00
9852	孤独症儿童行为管理策略及行为治疗课程	[美]Ron Leaf 等	68.00
*0468	孤独症人士社交技能评估与训练课程	[美]Mitchell Taubman 等	68.00
*9496	地板时光：如何帮助孤独症及相关障碍儿童沟通与思考	[美]Stanley I. Greensp 等	68.00
*9348	特殊需要儿童的地板时光：如何促进儿童的智力和情绪发展		69.00
*9964	语言行为方法：如何教育孤独症及相关障碍儿童	[美]Mary Barbera 等	49.00
*0419	逆风起航：新手家长养育指南	[美]Mary Barbera	78.00
9678	解决问题行为的视觉策略	[美]Linda A. Hodgdon	68.00
9681	促进沟通技能的视觉策略		59.00
*8607	孤独症儿童早期干预丹佛模式（ESDM）	[美]Sally J.Rogers 等	78.00
*9489	孤独症儿童的行为教学	刘昊	49.00
*8958	孤独症儿童游戏与想象力（第 2 版）	[美]Pamela Wolfberg	59.00
*0293	孤独症儿童同伴游戏干预指南：以整合性游戏团体模式促进		88.00
9324	功能性行为评估及干预实用手册（第 3 版）	[美]Robert E. O'Neill 等	49.00
*0170	孤独症谱系障碍儿童视频示范实用指南	[美]Sarah Murray 等	49.00
*0177	孤独症谱系障碍儿童焦虑管理实用指南	[美]Christopher Lynch	49.00
8936	发育障碍儿童诊断与训练指导	[日]柚木馥、白崎研司	28.00
*0005	结构化教学的应用	于丹	69.00
*0402	孤独症及注意障碍人士执行功能提高手册	[美]Adel Najdowski	48.00
*0167	功能分析应用指南：从业人员培训指导手册	[美]James T. Chok 等	68.00
9203	行为导图：改善孤独症谱系或相关障碍人士行为的视觉支持	[美]Amy Buie 等	28.00
*0675	聪明却拖拉的孩子：如何帮孩子提高效率	[美]Ellen Braaten 等	49.00
*0653	聪明却冷漠的孩子：如何激发孩子的动机		49.00

前面章节（区辨训练）中提到过。譬如，带儿童出去游玩偶遇熟人，管理者可能要求儿童"叫叔叔好"，如果不确信儿童是否配合，最好慎发这个指令，而是改用"叫叔叔好"这个指令的等位指令"给叔叔打个招呼"。对后者，儿童可以说"叔叔好"，即使不说，也可以辅助儿童向叔叔"招招手"，这样就把一个不能辅助的指令转换成可以辅助完成的指令，管理的成功性就大大增加，管理的效率也提高很多。

当然，理想的管理者储备了足够多的管理权威同时又善于利用不管是管、主动满足，以及信言为美等管理策略，从内容上本属于二到四等的指令也可以收到一等指令的效果。不过这非一般管理者所能实现，或者说是管理者活到老、学到老、练习到老的追求。

慎言为美是从管理者如何发要求性的指令这个角度去阐述的。指令一经发出，又怎么样能做到信言为美呢？

做到信言为美，就是指令发出以后，以从低到高的辅助方法辅助儿童完成指令的要求。这里的从低到高的辅助法，是区辨训练章节中提到的自然情景下从低到高的辅助教学技术（只有一个起点、一个终点，中间没有回合）。

要执行这样的辅助技术，有两点最关键。

1. 只给予相应等级的辅助措施，但不重复指令要求（除非这是辅助的一部分）。
2. 对应的辅助等级的升级等待时间在 0~3 秒之间。

辅助的力量也是执行信言为美策略的关键。无论何等级的辅助都是要给予保持儿童在完成指令的轨道上充分且必要的力量。充分且必要意味着不能低于这个力量（低了就会脱轨或者延迟），也不能高于这个力量（高了意味着给予了不必要的大的力量，往往意味着管理的情绪化）。

从低到高的辅助技术其本意在于发挥儿童自主完成指令的能动性。因此，在执行过程中要随时体会儿童的主观能动性，及时撤出不必要的辅助。如果不注意辅助的撤出，则很有可能在管理中形成对辅助的依赖，造成新的管理问题，而不是解决了问题。

顺坡下驴

顺坡下驴这个题目可能是个有争议的噱头。笔者在此并无贬义，只是为了形象地说明应用行为分析中一个常用的原理和行为管理技术，即利用行为动量（behavior momentum）的原理。所谓行为动量，可以借助物理学的动量来理解，意指当一个行为已经发动或在完成的过程中，有继续延续下去的倾向。不仅仅是单个的行为，甚至可能是一连串的相关行为都有这样的倾向。

比如，生活中常见到这样的现象，某儿童虽然极其反感写作业，任何时候发动他写作业都非常费劲。但是一旦他写起作业来，总还是能写到底，这个时候即使让他休息一下或者让他先吃饭再写作业，他也不会终止，而是一直到完成才肯罢休。

再比如，写总结、写报告、写文章、写小说，开始非常困难，一拖再拖，勉强把自己限制在书桌旁，半天也憋不出几个大字来，甚至写几个字就撕掉重写。而一旦开启了头绪，写到中间，那就思如泉涌，下笔如神，似乎有一发不可收之势。纵使点灯熬油却不觉苦，通宵达旦而不觉困。

建制度、立常规，又何尝不是如此。行为一旦规范化，管理的成本就大大节省，其部分原因可以用行为动量的原理解释。因为规矩或者规范的行为必得经常做、日日做、时时做方才有效，久疏不做或者偶然一做都不会成为规矩。

当然不能做的事儿也可以是规矩，比如，不能杀人越货，不能偷摸撒谎。这些事最好久疏不做，甚至一辈子不做。同时行为动量在这里也是发挥作用的，不然怎么会有惯偷、惯犯一说呢。

行为动量的关键在于开始某个相关联的行动。什么叫相关联的行动呢？比如，你要求孩子跟着光碟学英语这个行为，与之关联的行动包括他注意到你在跟他发指令（要求），那么，一切听从指令的行为都有利于跟着光碟学英语这个行为的启动；还包括他坐到沙发上或者椅子上，那么，一切让他顺利做到这一点的行为也都有利于跟着光碟学英语这个行为的启动；还应当包括看电视或者电脑屏幕，那么，一切促使他这样做的行为也都利于跟着光碟学英语这个行为的启动。上述三类都是关联行动。

什么样的行为容易开始呢？得心应手、不费功夫的事情最容易开始，已经掌握或者烂熟于心的事情容易开始，既不费力又能讨好的行为容易开始。

难的事情让它变得相对容易，或者至少容易开始；复杂的事情让它变得有序，分步骤，而每一个步骤变得简单易行。这个过程也可以理解为通过降低行为代价，促进行为动量的形成。

比如，跟着光碟学英语对儿童来讲可能既是困难的事情也是复杂的事情：困难在于儿童没有足够多的行为储备应对光碟里的语言环境（经验不多，而新的任务太多）；复杂在于，他需要先找光碟、看电源是否开着、找遥控器是否在，还有找参考书在哪里……还没开始，先有一大堆没有答案、没有头绪的事情需要准备。降低行为代价就体现在与此相关的两个方面，第一是降低难度，管理者不能随便拿一张光碟就逼着儿童学，而是精挑细选，找到一张最适合他现有能力和水平的光碟；第二是为他做好准备，如下页表格中所阐述的那样（为什么这么做也有说明）。

假设目标行为是上文提到的让儿童跟着光碟机学英语，可以这样开始相关联的行动，一步一步建立他学习的行为动量。

行为动量的原理在特殊教育中也有着无可替代的重要价值。

举例来说，当前正在学习的项目是模仿性语言训练，模仿说"要"的发音。一般来讲，开始这个项目的时候通常会要求老师先从儿童已经掌握的项目开始，假设儿童会模仿摸头、指鼻子、摸肩膀，也已经掌握了接受性语言训练的项目，如指下巴、指眼睛、指肩膀等，那么在开始仿说"要"的训练前，如果训练老师以"指眼睛"并口头强化开始，序贯发出如下指令(间隔越来越短，中间省略强化)："指肩膀"，"指下巴"（间歇并强化），"这样做（摸头）"，"这样做（指鼻子）"，"这样做（指肩膀）"，然后紧接着给予学习指令"说'要'"并期待他的反应。

指令和反应	说明
准备好学习的光碟、电源、播放遥控器、学习用的参考书,然后坐到沙发上。	对于预期的行为,尽量减少启动该行为的行为代价,有利于预期行为的开始和启动;反之,预期行为就难于启动。 同样的处境,管理者不妨设身处地地想一想,要做一件事情,是无头无序、一团乱麻、什么都得现找,什么都得现准备容易开始呢?还是万事俱备,一切就绪容易开始呢?
"贝贝,把那份报纸给爸爸拿过来"。	也可以说"帮爸爸倒杯水""给爸爸递个毛巾"等。一切让他靠近沙发的指令,或者先远离沙发的方向,再靠近的指令。 这是不费力也颇能讨好的行动,尤其是管理者有足够的管理权威的时候。 值得注意的是,这个起始策略要想发挥作用,前提是在平时经常有这样的互动,都是以让孩子得到好处(受夸奖或者奖励)结束,而没有后续的任务。否则不出两回孩子就能摸透你的意图,使行为动量的策略失灵不说,还不利于利他性的亲子关系的培养。 要保持这样的起始策略作为行为动量建立的起始步骤的有效性,必须注意两点: 第一,在平时,利他性的互动至少90%以上以强化结束;第二,利他性的互动内容要富于变化,不能刻板、单一、重复、无味。
贝贝拿起报纸并递给坐在沙发上的爸爸。	像往常一样,夸赞或奖励他这种利他行为。 建立行为动量的第二个指令"来,坐下。",同时注意使用从低到高的辅助策略随时提供必要的辅助让他完成这个指令,或者在完成指令的轨道上。这是建立行为动量第二步的关键。
"好,我们开始学英语吧!"同时控制遥控器,开始播放准备好的光碟。	建立行为动量的第三个指令,注意使用从低到高的辅助策略,随时提供必要的辅助,让他完成这个指令,或者在完成指令的轨道上。这是建立行为动量第三步的关键。
儿童跟着你一起看光碟,学英语。	这是行为动量建立的第四步,同时依然使用从低到高的辅助法,确保他在学习的轨道上。

注意:以上各步骤的辅助参考"信言为美"等相关章节。

力建常规

前述章节中已经多处提到建立常规对于行为管理和预防问题行为的好处，以及常规为什么可以节约管理成本（参考区辨训练和行为动量的有关描述）。本章不再讨论常规的好处和必要，而是着眼于常规的类别，以及如何建立常规。

一般意义上来说，常规可以是对时间的管理，也可以是对内容的管理，现实生活中通常是两者的结合。对时间的管理，管理者主要关注的是某段时间做什么样的事情；而内容管理则更多地从行为本身的角度，不限于完成的具体时间，只看重行为的过程以及行为的结果。

时间性常规的例子很多，比如课程表、日程表等；内容性的常规也有很多，多为行为要求、举止规范类的，比如各种行为守则、要做的事（TO DO LIST）、不能做的事（DON'T DO LIST），内容可以涉及学习、工作、习惯、社会交往等多方面。建立常规绝不是管理者一厢情愿把想管的事情罗列出来就是规范和常规那么简单，建立常规需要管理者与被管理者秉持着审慎的态度、协商的精神，在对现状和可能性有所评估的基础上达成一致的行为合约。

审慎的态度在于作为常规要求的内容不能是一时兴起，而应当是切中要害或者于长远有绝对的价值或好处的、值得坚持也必须坚持的事项。兴起于一时建立的"常规"，其结局往往既不"常"也达不到"规"的目的。在考量建立某个常规时，作为管理者应当前思后想：常规的内容是否必须，是否必要，是否值得天天做、周周做、月月做甚至年年做，是否可能以及如何做到天天做、周周做、月月做甚至年年做。不一定要求思虑得那么完美，但至少应该对上述几个问题有一个大致的答案之后才可以向被管理者提出并付诸实施。兴起于一时的"常规"往往多数是管理者一时受了刺激或突然心血来潮的结果，虽具有时效性，但其后管理者和被管理者双方都没有足够的动力去坚持。所以在考虑建立常规的时候，也需要管理者检视并摒弃自身情绪化的因素，以冷静、理性且长远的眼光去运作。

协商的精神在于管理者的管理不是命令、控制，而是引导和帮助。管理者在日常的管理中，无论是自己还是对被管理者都应当有意识地培养这样的理念。

自我成长和自我管理是管理的目标，命令与控制跟这个目标背道而驰，引导和帮助才促使接近和实现这个目标。妥协和原则的平衡是协商的生命力；坚持共同的原则是管理的基石和基础；灵活妥协的策略是管理的生命力和动力源泉。妥协并非一味地让步，妥协实际上是对过去、现在和未来我们所不知道的一面的一种敬畏，妥协是对管理者和被管理者双方都有可能犯错误的一种充分认知。注意本文中提到的是坚持共同的原则，是对管理者和被管理者双方都有同样约束力的原则，而非只针对被管理者的原则。

就管理者而言，过去的什么促成了现在的认知？过去的什么造成了当前的局限？现在的认知对被管理者和管理行为有什么样的影响？当前的局限对管理行为和被管理者有什么影响？当前的一切（认知及其局限）对管理者和被管理者的将来又有什么样的影响？平心而论，多数家长"顺理成章""自然而然""天经地义"地"管理"自己的孩子（被管理者）时，对上述问题欠缺反思甚至一无所知。

具体而言，建立常规应该注意以下几点原则。

1. 始于具体，进而模糊，最后化于无形

经过深思熟虑而后向被管理者提出的管理常规应当是具体的、有明确指向的、可操作的，应该包括管理内容、管理措施两方面。

管理内容应当是具体明晰，指向具体事件或要求的，比如，进屋换鞋，把换下来的鞋子放到鞋柜里就是一个具体而明晰的行为内容；而"讲卫生、有条理"就是模糊空洞的内容。

管理措施也应当是具体明晰的，指向具体可行的奖励或者惩戒措施，比如，坚持这样做三天、七天、一个月会怎么样；坚持三个月、半年又会怎么样。如果忘做、漏做或不做又会有怎样的措施，这些都应当明确且在事前提出。

但是，作为常规的管理内容和管理措施，在坚持相当一段时间而内化为个人行为规范之后，或者出现内化为个人管理的迹象时，管理内容和措施应当逐渐趋于模糊、抽象，直到最后完全是个人内化的管理，而没有任何外力穿凿的痕迹。

2. 始于少，进而多，最后又少

"始于少"，是出于以下考虑。

（1）对管理双方来说，从不管到管，从没有常规到有常规都要有一个适应的阶段和时期，管理的负荷太重会使管理者和被管理者双方都有放弃或逃避管理的倾向。

（2）少则易，容易培养管理的信心，增加管理的效率，树立管理的权威，被管理者也觉得适应管理并不困难。

不仅要始于少，而且要始于小，其道理同上。

"进而多"，就是在成功实现第一个行为常规的基础上循序渐进地引入同类的行为规范，在成功建立一类行为规范的基础上循序渐进地引入不同类的行为规范。多是管理的必然要求，由少而多是实现多的管理的必经途径。

"最后又少"可以从两个层面理解，其一，行为常规内容越来越多，则可增加的行为规范越来越少；其二，行为常规在多类别、多内容上稳固建立的结果就是这些行为转化为内在的自我管理，从而常规管理形式的他律就越来越淡化、薄弱，以至于越来越少，直到理想的、没有任何形式上的他律的状态。这就是最后又少。

3. 以协商一致为基础

前文中已对协商的理解做出解释，这里再次提出以示强调。从行文的风格不难看出，作者在这些地方有些鞭挞管理者的味道。相对于弱小无力的被管理者，管理者太容易自以为是，太容易自为天命，太容易越权而不自知。所以特别强调一下管理者无知的一面，也许矫枉过正一点才能真正达到协商一致的效果。

4. 以信言为美做保证

要让形式上的常规具有规范行为的作用，就必须看到规范行为的结果，只有形式的规矩，却看不到规矩的行为，规矩就仅仅是形式而已。就像前面提到的区辨训练，促发行为的一定是结果，而不是环境背景中的任何刺激，但如果环境背景中的某一个刺激（常规的形式）总是伴随着某些行为的结果，则该刺激才具有促发某行为出现的可能性。

5. 以重复坚持为保障

规矩不重复、不坚持，就失去了"常"性。重复加上坚持，就变成"长"为之事。唯"长"而后"常"。所谓重复，就是应该天天做、周周做、月月做甚至年年做。所谓坚持，就是维持这样重复的周期能多长时间就多长时间。

一个常规坚持多久才能变成自为的管理，因人而异，但通常少于三个月是会让努力付诸东流的。

6. 以罚时出局等手段作为对破坏常规的惩戒

尽管有了上述保障和保证性措施，也还是难免有违背常规的例外。对于破坏常规的行为不给予一定的惩戒，相当于对遵守和完成常规的行为的惩罚而对逃避常规的行为的强化。但不主张用正惩罚措施对待违背常规的行为，而是鼓励通过负惩罚（罚时出局，丧失机会、特权等方式）的方法来处理。

抓小搁大

一般而言，抓大放小是通常理解的管理原则。意思是保证大的方向是对的，事物总体的发展是好的，或者努力解决主要矛盾，其他细枝末节可以不必顾虑太多，甚至可以忽略不计。道理上是可行的，但在现实操作中未必有什么实际的功效。原因在于抓大放小有两难。

一难：领会难

早在两千多年前，庄子就提出著名的"大小之辩"，关于大是大非、大格局、大视野、大用途、大方向的弘扬以及对大而无当的贬低与讽刺似乎都很在理。涉及儿童的管理，哪些是大，哪些是小？可谓仁者见仁，智者见智。A 认为 z 是"大"，B 认为 z 是"小"；B 认为 x "大"，A 认为 x "小"；C 认为 z、x 都是"小"。A、B、C 都有充分的理由认为他们的认识是正确的，而理由都源自他们自己的生活阅历和见识。A、B、C 都可以把自己拥有的这种生活阅历和见识（他们的 DNA）教给他们正在管理的儿童，但是他们没有办法把这些阅历和见识也原封不动地遗传给他们的子女，因此，可以想见他们的子女关于"大""小"之认识肯定不同于他们的父母。"大""小"能被认同已殊为不易，更何况还有大有大用和大而无用之辩！

如果不探本求源，只以个人"大""小"之成见管理和教育儿童，对儿童是"福"兮，是"祸"兮？如果溯本追源地分清"大""小"，则何谓大之本？哪里是大之源？

历来越大越抽象，越大越空泛，如何去定义大？如何去抓住大？要抓更"大"的"大"还是更"小"的"大"？

二难：管理难

如果放弃方向上的大小之辩，只从管理的体会上区分，让管理者最为头痛之问题为"大"，管理者不以为然的问题为"小"。比如，劝说一个极端厌倦了学习，且已经断断续续上学数年之久，而现在发展到半年不去上学的儿童去上学就是"大"事，让这个儿童把随手丢的果皮扔到垃圾箱里就是"不以为然"的"小"事。大事虽然是管理者最渴望解决的或者最头痛的，但要管理这样的行为又谈何容易？！解决最头痛的事情的结果很可能是这事情把自己搞得更头痛！因为从不头痛到一般头痛到最头痛的发展过程就预示甚至决定了失败比成功更容易实现。

抓小搁大相对容易一点，无论是从领会的角度还是从管理的角度。

首先是"抓小"，小事就是身边事，或者看起来鸡毛蒜皮的事，相对于大事不足为虑的事。描述得具体、有可操作性一点，就是抓那些一旦儿童不合作，管理者可以轻易辅助儿童做到或者完成的事情。从这样的事情抓起，每件都抓成功，管理效率和管理权威就会从无到有地树立起来，相对难管的一些事情也就变得容易一些，相对不能轻易辅助完成的事也就能够依靠其自身的力量完成。《道德经》云，"天下难事必作于易，天下大事必作于细"，诚非虚言！

其次是"搁大"，这里的大是以管理者的头痛程度来理解，越是让人头痛的事情越是要先搁置起来，不急于一时的解决（尤其是机械重复过去的管理模式去解决问题的方法）。搁置"大"并不是放弃"大"，"大"

问题在给管理者带来头痛的同时，也让被管理者进入了与管理者对抗的姿态。管理者搁置了对"大"问题的管理，"大"问题就成了被管理者每天要考虑的内容了，或者说，管理者不再管理因而也不再头痛的时候，被管理者反而开始"头痛"了，不管被管理者心里承认与否。这就是搁置而不是放弃的意思。把"问题"还原给被管理者，让"问题"的"条件和机会"去塑造他、改变他。也许这样的"条件和机会"让被管理者选择了逃避或者回避的行为方式，但逃避或者回避了的事情本身还是有诱惑或者吸引力的。比如，厌学的孩子逃避了上学，但他们都清楚坚持上学可能的好处：升学、就业、深造、出国、谋得更有品质的生活等。厌学的孩子在逃避厌倦了的学习的同时，也把自己置于将来怎样适应新的生活的焦虑当中：接下来怎么样生活？能不能维持这样的生活？个人的出路在哪里？搁置而不是放弃"大"的问题的管理，就是要让被管理者自己体会选择逃避或者回避行为所带来的新的"条件与机会"以及带给自己的问题，而不是继续替被管理者解决逃避以后的生活的麻烦（管理者而不是被管理者去思考并付出行动去解决接下来的问题就是包办代替的行为）。不仅不包办代替，还要把原来上学时曾经包办代替的事情一股脑地归还给孩子，因为孩子有足够的时间自己去做一些事情。这里提到"不管是管"的另一层含义（以前"代管"的现在"不管"了）。

提供选择

管理者在拥有一定的管理效率和管理权威的基础上，在给予管理指令或者要求时，应当尽可能多地给被管理者以选择的机会和自由。给予选择的机会，意味着管理者提出选项 A、B、C、D，被管理者选择做其中之一或者选择做 A、B、C、D 的顺序。给予选择的自由意味着被管理者自主决定自己做什么。

一般而言，被安排做的事情不如自己决定做的事情（或者有自己参与决定做的事情）做起来更顺当一些。

例如，终止儿童已经看了一小时电视的行为：

管理者 A："接下来你打算做些什么呢？"

儿童："我先把作业写完，然后到楼下去找小朋友玩。"

管理者 B："你应该写作业了，你打算先写语文呢，还是先写数学，或者英语？"

儿童："我想先做英语。"

管理者 C："去写作业。"

假如管理者都预期儿童去写作业，在上述三种管理行为中，实施哪一种会使儿童最有可能马上付诸行动而减少进一步的管理成本呢？

寻求答案似乎并不困难，可能部分读者认为 A、B 的管理模式过于理想、不现实，或者认为现实中儿童不会那样因应管理者的管理。

之所以有这样的看法，很可能不是出于什么辩证或者周全的考虑，而是基于自己过去的管理体会而做出的直接的甚至下意识的反应。对这一部分读者来说，他们在阅读时忽略了本节一开始就为该策略设定的前提，同时在他们自己的管理实践中，也没有形成或者建立执行这样策略的前提基础：拥有一定的管理效率和管理权威。

如何建立和培养管理效率和管理权威呢？本书在多个章节尤其在预防问题行为章节中已经多有提到，其中尤其以"不管是管""主动满足""信言为美""力建常规"和"抓小搁大"为紧要。

越是善于管理，越是拥有高的管理效率；越是有管理权威，管理者的自由度越高，管理的选择余地也就越大，被管理者越是觉得自由、自主、自立而不觉得是被管理。越是不善管理，管理效率越是低下；越是没有什么管理权威，越容易声嘶力竭、黔驴技穷、瞪眼睛、搞监视、用武力，虽无所不用其极却始终乏善可陈。这也可以被称为管理的悖论。

亲历亲为

管理儿童的学问要在儿童管理实践中才能获得，很多年轻的父母生下孩子就将其交给老人去管，自己去打拼事业、享受二人世界。等老人管不住孩子了，孩子再回到自己手里，却发现除了诱惑、哄骗、威胁、呵斥、恫吓、打骂，自己也没有多少本事管得住，于是就去找心理医生。现在精神卫生的观念深入人心，也有父母直接就来找精神科医生的。

这些人有一个潜在的认识，似乎自己做不来的事情找人就可以代替他做了。找自己的父母代管孩子，找医生代管（孩子的）问题。

你可以决定只结婚而不要孩子，但如果你决定生孩子，你就不能找人代管孩子（不管是找人代管孩子的成长还是代管孩子的问题），这个本应该立法禁止的事却成了自由的选择。不管这些人在选择他人代管上看起来多么出于无奈，他们都自由地选择了他人代管。有人说是为了孩子才打拼，但有时候，陪伴孩子的成长比给予孩子更好的物质条件对孩子有更长远的益处。更何况，有些人家底越是厚实越是找人代管自己的孩子！老人（管理者的父母）或者保姆可以帮忙照料，但仅限于帮忙，管理始终还是且也应该是自己的责任。

真正为孩子打拼，不是去剥夺本应与孩子在一起的时间去赚跟孩子实际上没有多大关系的钱，而是花时间陪孩子成长，花时间学习、琢磨、研究怎样陪孩子成长。尤其是在孩子最需要陪伴的这段时间（0~10岁）。

亲历亲为地培养和管理孩子，从中学习，从中体会，从中享受。这是对为人父母的最基本的要求，也是最为深刻的含义。写作本书的目的之一正在于让父母对此有所理解。

第三章 问题行为功能分析

第一节 功能评估与分析方法

功能评估概述

行为是主观随意的还是有规律的？这个问题是行为主义哲学需要回答的，关乎行为分析的可能性以及可行性的问题。对该问题的回答涉及两个含义：一个是哲学信仰的层面，另一个是实践举证的层面。首先，行为主义者坚信：任何预期的或非预期的行为都是有规律可循的，是环境变量影响的结果，受环境所控制。反射性行为受行为之前的环境变量控制；操作性行为既受行为之前的环境变量又受行为之后的环境变量控制。其次，在实践层面上问题行为确实是可以分析与改变的，只要付出努力就能够理解特定行为发生的前因后果，这是可以无穷举证的。

行为是可以分析的吗？如果认为行为是可以分析的，也就是等于承认行为的发生、发展和稳定是有规律、有原因、可控可变的，而不是偶然的、随机的或者自由自在的。行为的功能分析就是了解一个目标行为出现的前因后果，并回答目标行为为什么出现、怎么出现、出现的结果以及结果反过来对目标行为的影响。

应用行为分析（Applied Behavior Analysis）意指选择那些对人类生产、生活、医疗、教育等活动领域有意义的群体的或者个体的行为，并以此为目标行为，了解围绕该目标行为的前因后果，并回答目标行为为什么出现、怎么出现、出现的结果以及结果反过来对目标行为的影响等问题，并提出促进、消退或者改变行为的策略和建议。

问题行为的功能分析是应用行为分析在临床医疗、心理和教育领域的具体应用。通过人为设定的对问题行为的定义标准认定一些影响个人和社会发展的行为表现，并分析围绕某个目标行为的前因后果，回答某个问题行为为什么出现、怎么出现、出现的结果以及结果反过来对作为目标的问题行为的影响，并提出临床可操作的策略去消退这些目标问题行为，塑造新的、社会可接受的、对个人发展和社会有促进作用的行为。

本书第三章探讨问题与问题行为的区分，并且讲述在应用行为分析中，问题行为是一个关键且专业的术语。只有确定了问题行为，才有可能把问题行为置放于某个特定的背景，才有可能了解在该背景下发生的该行为对于环境的影响。如果问题行为都还不清楚或者不明确，那么问题行为在什么样的背景下发生、具有什么样的功能就无从可知了。不知道问题行为的功能，也就不能找到针对问题行为的干预策略。

在本书中，问题行为被一般性地定义为如下几类：攻击类行为、自伤类行为、破坏性行为、逃跑或者逃避行为、自我刺激类行为。

问题行为如前所述林林总总，表现不一，但它们的基本功能不外乎以下几类。

1. 社会性正强化

由他人中介的社会性正强化的结果在目标行为出现后给予。可能包括：他人的注意，获得活动的机会，或从他人那里得到实实在在的东西（玩具、物品、食物）。

2. 社会性负强化

当目标行为出现后，他人就终止令行为者感到厌恶的交往、任务或活动。诸如逃避或者回避某项任务、情境等。

3. 自动正强化

强化的结果不是由他人中介获得，而是行为本身的自动结果。当行为本身自动产生一个强化的结果，该行为被认为由自动正强化的机制维持，例如，孤独症儿童的某些感觉刺激行为。

4. 自动负强化

目标行为自动终止或减弱厌恶性刺激，从而强化了目标行为。

延伸阅读

问题行为功能分析的常用术语。

1. 问题行为：对构成问题的行为的客观描述。
2. 行为前提：对问题行为之前环境因素的客观描述，包括客观物理环境和其他人的行为。
3. 替代行为：有关预期行为的信息，被管理者能够做到而且可以被强化从而竞争问题行为的行为。
4. 动机变量：所有影响强化物或惩罚物效能的环境变量。
5. 潜在强化物：有关环境事件的信息，该事件可以作为强化物或用于治疗计划中，它可以是客观环境中的物理刺激，也可以是环境中他人的行为。
6. 既往干预：过去用过的针对问题行为的干预方法及其效果。

问题行为的功能评估

问题行为功能评估的常用方法包括三种：间接方法、直接观察法以及实验观察法。

间接方法是通过对知情人的访谈或问卷调查来了解特定问题行为发生的背景、结果，从而了解问题行为功能的一种方法。访谈或问卷要求信息提供者回忆受试者在最近一个月以来一贯的行为表现，并限定对该行为发生的具体时间与背景进行描述性回忆，具体涉及但不限于以下三类问题。

区分问题与问题行为并发现问题行为的内容

1. 是什么促使你决定要寻求帮助的？

（列举一切提供的问题并针对每一个问题问一轮下面 2-7 的问题）

┌─ 2. 你为什么头痛这个问题？ ◄─────┐
│ 3. 你试图想办法解决过这个问题吗？
│ 4. 你想到的或者会试的办法是什么？
│ 5. 你在执行这些办法的时候遇到过什么麻烦没有？
│ 6. 具体是什么样的麻烦？
└─► 7. 你针对这些麻烦的反应是什么？

8. 已探讨过的问题中，你最头痛的问题是什么？

通过上述循环论证式的交流和讨论，咨询者和被咨询者就比较容易找到共同的问题行为目标，同时也表达对被咨询者所关注问题充分的倾听、理解和关切。如果不顾及咨询者所关注的问题，而是单刀直入地问被咨询者所关心的"问题行为"，往往会适得其反，或者造成咨询者与被咨询者各说各话，始终难以对焦。不仅解决不了咨询者关注的问题，提供不了任何有价值的帮助，反而容易给咨询关系带来阴影，甚至埋下冲突的祸根。因为临床上，咨询者关注的往往是"问题"而非"问题行为"，而应用行为分析师关注的往往是"问题行为"而非"问题"。所以，在开始阶段花时间和力气去探讨问题以及因问题而产生的问题行为是值得的。

问题行为发生背景的内容

1. 该问题行为通常何时出现？
2. 该问题行为通常在哪里出现？
3. 当行为发生时谁在现场？
4. 在行为发生之前有什么事情或活动发生？
5. 紧跟行为之前别的人说了什么或做了什么？

6. 在该行为出现之前他在做别的事情吗？

7. 何时、何地、与谁在一起、什么样的环境下他的问题行为最少？

在花了足够的时间与咨询者建立了良好的咨询关系，并了解到目标行为之后，被咨询者要做的就是围绕目标行为仔仔细细地探询并了解目标行为发生的环境背景。为了做到这一点，提供行为发生的若干时间线索是必要的。

"今天（昨天／近两天／近三天／近一周）有没有发生过这个行为？"
（如果有，进一步提供具体的时间线索。）
"是早上，还是上午、下午？"
（或者进一步。）
"是早饭前、早饭后？"
"起床前还是起床后？"

如果一周内都没有问题行为发生，则探询咨询者所能回忆起来的最近一次问题行为发生的大概日期。如果提供了大概日期，则尽量用具体的时间线索去引导咨询者进一步回忆："你说大概两个月前的样子，我注意到这个时期好像正好是国庆节（春节／劳动节／端午节／开学的日子／放假的日子），你能回忆是在节前的事情呢，还是节后的事情呢？"

或者提及咨询者和家人生命中重要的时刻，比如，家人过生日前、后，重要客人到访前、后，重大生活事件发生前、后（比如，乔迁新居、移民、生病、婚丧嫁娶等）。有时候一提供这样的线索，咨询者就能够马上联想到这个问题行为发生的具体日期，连带着这个行为问题发生的前前后后所有的情景都能再现一般地回忆出来。

再现问题行为发生的情境是对问题行为功能分析间接方法的最高追求。但是再现问题行为发生的情景并不是一个愉快的过程，咨询者有意无意地强调问题（如不上学）而忽略问题行为（如打人或自伤），本身常常意味着这些情景往往是被抑制或者忽略的。这些情景并没有被忘掉，一经点拨，就能够被回忆得栩栩如生到令人惊讶的程度。

问题行为结果的内容

1. 行为出现后发生了什么？
2. 当行为出现时，您做了什么？
3. 当行为出现时，其他人都做了什么？
4. 行为出现后有什么变化？
5. 问题行为后孩子得到了什么？
6. 问题行为后孩子逃避或避免了什么？

间接的行为功能分析的优点是显而易见的，比如，比较容易操作，而且节省时间。缺点也是相伴相生的，那就是信息提供者只能依靠回忆来回答问题，因此难以避免遗忘的因素或主观偏倚。为了尽可能克服这些缺点，要求信息提供者务必客观描述环境事件，不做推理或解释。

直接观察法

直接观察法是指观察者通过直接观察与记录受试者的行为而获得行为发生的背景与结果的相关信息，从而达到理解该行为前因后果的方法。

观察者对受试者行为的观察可以发生在受试者问题行为发生的原始环境（比如，受试者的家里或学校里等），也可以发生在其他自然情境里（比如，诊室或训练、评估场所）。

根据记录手段的不同，又可以进一步细分为描述法、列表法两种。

描述法

观察者深入问题行为者的生活环境，像一面镜子，又如一台摄像机，观察并记录问题行为者的生活环境、行为举止以及与他人互动的一切情况，并重点描述问题行为发生时的背景、行为表现以及行为的后续影响。描述法可以借助摄像机、录音机等科技产品，但对于有意义的线索的捕捉还是依靠观察者的敏感。描述法可以按照时间先后描述，也可以按照表格的形式分类描述。

以前面提到的妈妈要求贝贝关电脑的例子来说明（注意这个例子还没有发展到本书所定义的问题行为的程度）。这个描述把母子两人的互动如实地记录下来。由此可以大概得知儿童行为问题逐渐发展的过程，但是两人之间对接下来，各自进一步的行为互为因果的影响却没有很明确并形象地表达出来（见表3-1）。

如果按照下面表格描述的样子来记录，可以看得出以妈妈要求儿童关电脑这个环境背景为肇始，儿童的行为反应变成妈妈进一步行为举动的前提，而妈妈进一步的行为作为儿童行为反应的结果和儿童下一个行为反应的环境背景，彼此互为前提和结果的关系跃然纸上。A、B、C三因素对于互动的双方来说，其角色和功能总是在相互转化着的，但是不管怎样转化，每一个人的行为都因循着A、B、C的循环。

列表法

相对于描述法，列表法比较简单易行。一般建立在间接法的基础上，对间接法收集来的信息进行总结归纳，列举可能的A（环境背景）、B（问题行为）、C（后果与影响）因素并用简单易记的符号来代表。在直接观察时，捕捉与列表中相关的A、B、C因素并在相应栏中标记（如目标问题行为的频率、类别等）。

直接观察法相对于间接方法，其优势恰恰弥补了间接方法的不足，那就是直接观察法收集的有关行为的信息均是在行为发生当时收集的，避免了回忆时的偏倚，也最大可能地降低了主观判断的偏倚。如果结合间接评估方法，结果将更为准确。这种方法的缺点主要体现在两个方面，一是费时费力；二是不能直接显示行为与结果的功能联系。

实验观察法

从一般临床和咨询的角度看，前面所阐述的间接和直接功能评估的方

表 3-1

时间	A因素 （前提背景）	B因素 （焦点行为）	C因素 （结果因素）
11:00	妈妈："贝贝，你看电脑时间不短了，应该关上了。" [a]		
11:00—11:01		贝贝没有反应，继续看电脑，如同没听见。[b/a]	
			"贝贝，妈妈跟你说话呢，听见了没有？不要再看电脑了，对你的眼睛不好。" [c/b/a]
11:01		贝贝依然故我，没有任何关电脑的意思。[b\c\a]	
11:02—11:03			"贝贝，把电脑关掉！"妈妈向贝贝走来，同时语气变得强硬。[c/b/a]
11:03		"好，好，马上关"，贝贝见妈妈走来，回头向妈妈说。[b\c\a]	
11:03			"嗯，乖，听话。"妈妈又离开，去做别的事情。[c/b/a]
11:03—11:13		贝贝仍然在玩电脑。[b\c\a]	
11:13			恼火地向贝贝走来，"怎么回事？到现在还不关？" [c/b/a]
11:13		做欲关电脑状，同时求告妈妈"马上关，马上关，再有5分钟这个游戏就结束了，5分钟，我就玩5分钟！" [b\c\a]	
11:14			"不可以！你玩得足够长了！" [c/b/a]
11:14		"好吧，3分钟，3分钟以后我肯定关掉！"欲哭的样子。[b\c\a]	
11:15			"就2分钟，2分钟不关电脑，小心你的屁股！" [c/b/a]

法对于理解问题行为的由来、发展和结果已经足够，但是由于前述的方法都是对已经发生事件的回顾或者正在发生事情的自然观察，难免有许多混杂变量参与其中，不能严格地回答事件发生的序贯联系是否必然是因果联系。从严谨的科学研究的角度和立场看，间接回忆或者直接观察所发现的规律最好能够通过严格变量控制的实验验证。问题行为功能评估的实验观察法就是解决这个顾虑的途径之一。

实验观察法就是预先设定与目标变量（问题行为）相关联的前提变量（环境背景设置）和结果变量（结果设置），然后观察目标变量在各实验情境中的频率。如果在数次至少3次以上的实验操作中，某问题行

实验情境	前提变量设定 （环境背景控制）	结果变量设定 （结果变量控制）
游戏情境	情境丰富的游戏环境； 任意选择游戏玩耍。	NCR 的社会互动。
注意情境	喜欢的玩具，告诉他自己玩，老师要忙自己的事情。	目标行为出现时立即给予注意"老师忙着呢，不要打扰"或"不要……"
逃避情境	给予一定量的任务或作业要求他完成。	对依从性行为给予社会性的认可与鼓励。 出现目标行为时立即说，"好，你可以不做"，或"好，你可以休息一下"。
实物情境	给他喜欢的实物（吃的、喝的或玩的）消费或玩15秒钟，然后说："好，老师现在要收回，你可以做自己的事情了。"	目标行为出现时立即给予被收回的实物，并说："好，你可以得到它。"
自我刺激情境	独处或相对独处的环境； 环境设置单一。	没有针对目标行为的社会性结果。

为总是在某实验情境中出现的频率最高,则该问题行为的功能与所对应的实验情境相关。

实验观察法的情境模式以及在每一个模式下对前提变量和结果变量的设定大致如上表所描述。

上述实验操作一般每周安排 3~5 次,每次时间大概为 1 个小时,每一个情境分配的时间为 10~15 分钟。操作记录每一次情境中目标行为出现的频次。如果记录的结果显示在某一个情境中问题行为出现的概率最高,而且连续 3 次实验结果类似,则提示该情境中所设定的结果即为该目标问题行为的功能。

比如,通过一周安排了 3 次实验观察,汇总到如下结果。

2011 年 10 月 10 日

游戏情境	注意情境	逃避情境	实物情境	自我刺激情境
0	20	3	2	1

2011 年 10 月 12 日

游戏情境	注意情境	逃避情境	实物情境	自我刺激情境
0	17	1	2	0

2011 年 10 月 15 日

游戏情境	注意情境	逃避情境	实物情境	自我刺激情境
0	23	0	0	0

结合实验情境以及前提变量和结果变量的设定,不难看出,问题行为在被忽视的情境下出现最多,而且一旦出现,该问题行为总能得到一定程度的注意。因此,可以确定问题行为的功能在于获得他人注意。

同理，如果通过一周 3 次的实验观察，汇总到如下的结果。

2011 年 10 月 10 日上午

游戏情境	注意情境	逃避情境	实物情境	自我刺激情境
0	1	10	1	0

2011 年 10 月 10 日下午

游戏情境	注意情境	逃避情境	实物情境	自我刺激情境
0	0	8	2	0

2011 年 10 月 13 日

游戏情境	注意情境	逃避情境	实物情境	自我刺激情境
0	0	12	1	0

结合实验情境以及前提变量和结果变量的设定，不难看出，问题行为在被要求或者给予特定任务的情境下出现最多，而且一旦出现，该问题行为总能逃避或者拖延了该任务的完成。因此，可以确定问题行为的功能在于逃避（拖延）任务。

第二节　问题行为干预

问题行为干预总论

冰冻三尺非一日之寒，这句话用来理解有临床意义的问题行为非常贴切。本书第三章开局就探讨了问题、问题行为与管理的关系。仔细阅读第三章"问题行为定义"不难看出，很多情况下，管理兴于问题，而止于问题行为。

管理者（家长）不难发现被管理者（儿童）各种各样的问题。有的问题反映了儿童发展或者能力的不足、缺陷，家长可能就急于弥补、敦促；有的问题反映了儿童行为的过度、侵扰，家长可能就急于限制、制止。比如，孩子的学习成绩差，家长就有可能督促孩子学习、补课、多写作业；孩子看电视、玩游戏过度，家长就有可能限制或制止。有的家长为孩子不爱吃饭、进食少而催促孩子多吃；有的家长则因为孩子进食过多、体格肥胖而想办法让他少吃或不吃。总之，管理兴于对问题的发现和认识。

但是，被管理者通常是不会甘受管理而就范的。管理者急于把发现的问题摆平，而被管理者力争保持行动的"自由"而不受或少受他人"干涉"。管理的当事双方就自然而然地卷入到一种微妙的动态平衡之中，这种动态平衡又不断地被互动双方打破而循环往复。

管理者因为被管理者的阻抗经常波动于加强和弱化管理的试探之中：在一定程度上管理因为阻抗的加强而加强；但在到达一个极点之后，管理很可能因为阻抗的加强而弱化。这个极点又经常因为管理者对问题的不能容忍和对阻抗的适应而不断被推升到新的高度，直到最终需要借助于当事双方以外的第三方的力量（如心理医生或者临床医生）。

被管理者也因管理者在管理中的态度和情绪而波动于加强和弱化阻抗的试探之中：当管理因阻抗而加强的时候，被管理者加强阻抗的行为代价不断追上或者超过服从管理的行为代价，因此，随着管理的加强，被管理者服从的可能性增加，但与此同时，管理者管理的代价也一路攀高。到达一个极点以后，原来相互攀升的动态循环被打破，双方再重新开始问题—管理—阻抗—加强管理的循环并突破前期极点。

打破这个动态循环的极点是什么呢？通常来说，就是家长因问题而管理的过程中不断升级以至于最终打破管理循环的阻抗行为（一般而言它以不断升级的问题行为为表现形式）。理解这样一个动态循环和它的极点的临床意义在哪里呢？

意义之一：告诫临床医生，即使"知其所以然"，也不能急于给出针对其"所以然"干预的"处方",还要评估执行这个"干预处方"的家长是否具备最基本的执行能力。因为不顾及这个能力而只给予"干预处方"会加速打破管理循环的进程,让破坏性极点提前到来。家长执行"干预处方"的基本能力可以从家长掌握的预防问题行为发生的能力上反映和积累。干预的形势通常是急迫的,但是干预的路径却必须是稳妥缓和的。

意义之二:有助于临床医生和管理者就干预路径的选择问题达成共识。当管理者把一个陷入僵局的管理问题呈现给临床医生的时候,医生和管理者双方对使管理陷入僵局的发展过程都缺乏必要的了解。医生需要通过策略性的提问,帮助管理者重新经历管理的过程,而不是简单地获得管理者对被管理者问题的态度、认识以及归纳、总结。管理者也要通过详细地描述管理过程,向医生还原围绕着管理问题的自己和被管理者双方的互动及其结果。通过管理者对管理过程的再体验,医生和管理者双方对当前的目标问题和其由来就有了共识性的认知和判断,从而有助于双方选择一致的针对性的干预路径。

意义之三:问题的形成和发展是一个长期互动的结果,它的解决也不是一蹴而就的。因此,对于问题行为的干预,应当是一种综合性的干预措施。而且,"解铃还须系铃人",作为管理者的家长应当主动参与其中,并承担不可或缺的责任。

寻求注意行为的干预

寻求注意的问题行为往往发生在儿童被忽视的背景之下。比如,在课堂上某儿童举手要求回答问题没有被老师注意到,或者老师虽然注意到他举手,但没有给予儿童任何反应,他就可能大声地将答案说出,或者再次举手时边举手边敲桌子,或者嘴里发出怪异声让老师或同学们注意。又如,儿童往大街上跑或爬窗户,会回头看有没有人注意到他,如果没有人注意他,他会停顿,并发出一些动静或说一些大人此时常常说给他的话"不能往大街上跑"或"不能爬窗户,危险",而大人一旦注意到,他会跑或爬得更欢。再如,儿童在某处看到某个玩具但是够不着,就倒在地上打滚,并哭叫;

一时没人理会，他就爬起来在各个房间里找，到某个有人在的房间门口，他又扑腾倒地打滚并哭叫。

寻求注意的问题行为也可能发生在因问题而发生的持续紧张的注意状态之中。比如，一位家长描述孩子喜欢跑到厕所捞大便，因此，一家人上厕所时都很紧张，尤其孩子自己上厕所的时候，只要他坐在便器上，全家人就很紧张，通常至少有两三个人会惶急地跟着他，目不转睛地盯着他的一举一动，生怕一错眼神，他就会起身转头去捞大便。而这个孩子也就有事没事说要大便，往厕所跑。

除了对问题行为进行功能分析以外，以下线索通常也提示正在发生的行为可能是寻求注意的行为。1.出现问题行为的同时流露寻求他人注意的眼神；2.出现问题行为之后把问题结果展示给周围的人；3.出现问题行为的同时发出响声、动静或做出怪相等行为以引起他人注意；4.出现问题行为的同时或之后面对他人的反应格外高兴或手舞足蹈；5.与周围人形成互相盯防的状态，孩子自己似乎乐于如此；6.短暂的故意忽视可能使其问题行为变本加厉。

处理这样的行为适合用忽视或忽略的策略。不要对问题行为给予任何形式的注意（呵斥，教训，惊慌失措，或者说服教育等），也不要与正出现问题行为的儿童有任何目光的接触。采取忽视策略的时候，需要特别提醒的是要排除任何潜在的强化性的人或物。也就是说，儿童周围相关的人都应当明了对儿童当下的行为采取什么样的应对策略，如何实施这个策略。不知情或者不了解如何操作的人则应当避免在这种情况下出现在现场。因为有消退爆发的可能性，如果不注意这一点，很有可能在问题行为恶化或升级时有不知情者给予他不当的注意，从而进一步强化了问题行为。

如果儿童的问题行为以哭闹的形式表现出来，也不要在此时安慰儿童。因为此时的安慰仍然是一种带有强烈情感色彩的高度关注。于眼前可能图一时之便，让哭闹即时终止；但于长久，可能强化了以"哭""闹"的形式来获取安慰、注意与满足。

逃避/拖延任务的问题行为干预

逃避/拖延任务的问题行为可以表现为各种各样的形式，如咬人、咬自己、尖叫、耍赖、讨价还价、逃跑、撞头等，在要求被管理者去做事情的过程中表现出来的、与做该事情无关的任何其他行为都有可能是逃避或拖延任务的行为。这些行为有的是明显的逃跑行为，比如，给他任务或者要求时他就跑掉或者藏起来；有的是在提出要求或者任务之后，他表现出的直接反抗或者阻抗任务的行为，比如，拉他他不动，或者往相反方向拉扯，或者直接表现出自伤行为，或者对管理者进行攻击。但是有的逃避/拖延任务的问题行为却比较隐蔽，比如，讨价还价，或制造一点与任务无关的其他混乱，故意弄乱一些东西，让管理者看不下去，要求被管理者重新整理好，在整理东西的过程中被管理者逃避或拖延了管理者原先要求的任务。

处理这样的行为应当采用的消退措施是不给予任何反应，让他坚持完成任务。从发出要求的那一时刻起，管理者的一切行为举止都是为了确保被管理者及时进入完成任务的状态，并保证其始终在完成任务的轨道上。

及时意味着在发出指令或要求之后应当马上看到被管理者开始完成任务的行动。具体而言，指令和开始完成指令的行动之间不要超过5秒钟。5秒钟之内，管理者至少应该看到被管理者启动了完成任务的行动。

保证在轨，那就是一旦被管理者启动了完成任务的行动，直到他完成该任务，在此期间，保证他的一切行为或行动都是在继续完成该任务。不得拖延，或者中途逃避。

如何做到及时和保证在轨？读者可以参考本书中关于预防问题行为的相关策略，尤其是"信言为美"的策略，以及在基本的行为原理区辨训练章节中有关的辅助策略。

管理而做不到"及时和保证在轨"，很可能就滑落到"管理兴于问题，而止于问题行为"。在管理过程中，问题行为持续时间越长，管理者的管理意志就越受到挑战和考验，对被管理者的同情也可能从无到有再到加强。所有这些因素都会促使并强化终止管理的行为发生。

圆圆不想去幼儿园，但爸爸妈妈要上班，家里又没有其他人帮助照看圆圆。虽然家离幼儿园并不远，步行也不过20分钟的样子，但是，每天圆圆和妈妈都要走上一个多小时，而且经常还走不到一半妈妈就放弃，只好请假在家陪孩子。

今天妈妈觉得总请假也不是办法，下决心要把圆圆送到幼儿园，于是早晨6点就把孩子叫醒，为上幼儿园做准备。但圆圆醒后就哭闹，不肯穿衣服，不肯吃饭，两件事都做得磨磨蹭蹭，并且断续地哭哭啼啼，跟妈妈为上幼儿园谈条件。好不容易穿好衣服吃罢饭，要出门了，圆圆哭得更厉害了。妈妈就在门口停下来，给圆圆讲道理，圆圆的哭声小了一点。妈妈以为圆圆听懂了，刚一抱起，她又哭闹如初。妈妈有些不耐烦，把她抱起来就走。出了门，圆圆闹得更厉害，把头向妈妈的脸上、胸脯上撞，两个拳头向着妈妈扑打，两只脚也踢着妈妈的肚子。妈妈走了一会儿，受不了圆圆的哭闹和嘶叫，又把她放下来，或哄劝、或教育，告之上幼儿园的好处和必要。圆圆边听边抽泣，偶尔还说"妈妈，对不起""妈妈不哭"等。但是，当妈妈再次抱起圆圆向幼儿园走去的时候，圆圆又开始哭闹起来，而且声音更大。离幼儿园越近，她哭得越响，拍打、踢踏、用头撞妈妈越是厉害，个别时候甚至哭得背过气去。如此反复了几个回合，终于在接近幼儿园门口的时候，妈妈再次放弃，在得到圆圆点头答应"明天好好上幼儿园"的允诺后，再次向单位请假把圆圆带回家去。

结合圆圆的案例，可以发现，了解问题的来由并提供处理意见并不是一件困难的事情，如何帮助管理者正确执行却并不容易。从本书前面章节中可以了解到，该问题可以通过缓管的办法处理，也可以按照本节描述的措施管理，更可以按照抓小搁大的原则，先不提去幼儿园的问题，而是从跟圆圆互动中建立管理权威和管理效率开始。每一种措施都有利有弊，有得有失。利弊得失的权衡与权重在于问题本身的迫切性，并和实施者的自身性格、素质以及教养习惯、教养方式所获得的家庭支持密切相关。

获得具体实物/机会的问题行为干预

在与儿童互动过程当中，经常会看到儿童为了心仪的玩具、食物、活动、机会（如荡秋千，滑滑梯，戏水等），或者从享受这些玩具、食物、活动或者机会的情境中分离时，出现一些前面有关"问题行为定义"章节中所描述的问题行为。在这些情境下出现的问题行为，通常其功能就是得到和延续了这些具体的实物、机会或者活动。

为得到心仪的玩具、食物、活动或者机会的问题行为，往往是在欲求（没掌握必要的社会沟通手段）或者要求（掌握一定的社会沟通手段）得不到及时满足的情况下（如自我实现受挫或者遭到拒绝）发生。其功能照例在于及时或更快地获得满足。

从享受心仪的玩具、食物、活动或者机会中分离，意味着儿童正在享受他的玩具、食物、活动或者机会，但管理者出于各种考虑（吃得太多，或者认为不该吃这些东西；玩的时间过长或者认为不该喜欢这些东西；认为某些活动过于刻板、重复和局限从而限制等）试图终止他的享受。在这些情境下发生的问题行为，其功能照例是延续了儿童享受所心仪的玩具、食物、机会或者活动。

处理这样一类的问题行为，在于了解其一贯通过问题行为而获得这些玩具、食物、活动或机会的做法，不要在出现问题行为的这一时刻满足他或者让他继续。与此同时，还要教会儿童通过什么样的行为或方式可以获得或继续拥有这些东西。也就是说，利用消退联合差别强化的策略。

处理问题行为，先对问题行为进行直接或者间接的功能分析，甚至是实验分析，了解问题行为的功能所在，然后采用有针对性的消退策略，这是一般原则，也是让问题行为从根本上得以解决的必由之路。但是，某些问题行为由于其对行为者自身或者周围环境具有明显的、即时的破坏作用，一旦发生或者正在进行，必须立即制止。这一类行为包括指向他人的攻击行为、自伤行为和对财物的破坏行为。为了方便起见，可以把这一类行为简单地统称为"红线行为"。

但由于在这些行为发生时，管理者可能尚不明了这些破坏性行为的具体功能，因此，要求管理者在制止时施加的力量要使问题行为恰好不能继续为宜。力量不足，则破坏仍延续；力量过大，制止变成了一种变相的惩罚。二者都不利于问题行为的控制。同时，在制止的过程中，尽量减少对被管理者行为的注意（不在制止的同时给他过多的语言教育或者解释，也不要试图哄劝或者安慰儿童）。如果此时已经知道问题行为的功能所在，在制止的同时，应合并相应的消退策略或者联合其他处理问题行为的策略。

自我刺激行为的干预

自我刺激行为，顾名思义可以理解为行为被自身所强化。与前面所提到的问题行为有很大不同，它不必通过环境中的他者为中介实现对行为的强化功能。正因为如此，自我刺激行为必由实验分析验证才能确认。一般意义上所说的自我刺激行为是根据行为的某些线索推断或猜测的结果，未必或者极少经过实验性分析。自我刺激行为在任何人身上都可以出现，但一般在孤独症谱系障碍人群中更为常见。

具体而言，自我刺激行为具备以下几个特点或线索。

1. 与感官刺激相关的自我刺激行为

与眼睛有关的自我刺激行为：眼睛眯成一条线，头和身子倾斜到一定角度审视或者端详某处；重复地在眼前扑手或者抖手。

与耳朵有关的自我刺激行为：时常表现为侧耳倾听状；重复性地哼哼、呻吟、尖叫或其他寻求声音刺激的行为。

与鼻子有关的自我刺激行为：把什么东西都拿到鼻子上反复闻，包括有味道的和没有什么味道的；经常闻一些不该闻的东西，如趴到别人脚上闻。

与舌头有关的自我刺激行为：经常用舌头舔、尝物品。

与皮肤有关的自我刺激行为：经常拿手去触摸、感觉一些东西的表面或者平面，玩涎液、搓手等。

与黏膜有关的自我刺激行为：经常用嘴唇去蹭墙壁、桌面、人脸、头发，手淫等。

2. 与本体觉或平衡觉刺激相关的自我刺激行为

可能表现为原地转不停，或者抑制不住地蹦跳，边蹦跳边发出一些哼哼声或者兴奋地怪叫，也可能表现为头和上部躯干来回晃动，用脚尖走路。

3. 与痛、压觉刺激相关的自我刺激行为

可能有拔毛，拔倒刺，撕、咬皮肤表皮，不感觉疼痛地拍、砸墙或硬物，撞头或者打头等。

4. 不依赖于环境中他者的自我刺激行为

也就是说，不管环境中有没有他人在场，该行为都会出现，甚至该行为总是在没有他人的场合下出现。

处理自我刺激的行为，一般很难找到有针对性的消退措施。上述种种行为也未必与某种感觉联系。有人试图用感觉阻断的方法去消退某些可能属于感觉性的自我刺激行为，比如，戴眼罩、手套、头套、头盔等，但效果一般，或者没有效果。

最常用且比较行之有效的处理措施包括差别强化相互抑制的行为，或者给予社会可接受的合理化刺激。以儿童反复摸别人头发为例，前一种措施为指导儿童做一些需要用双手完成的活动，如串珠子或与大人做拍手、抛接球的游戏等；采用后一种措施则可以给儿童一些假发、毛线或者类似头发的丝线让他摸，或者把一堆乱线捋顺。也可以通过建立规则，允许这些行为在某些场合或者时间出现，而在其他场合或者时间就不能出现。仍以前一种措施为例，可以告诉儿童在家里没有他人在场的时候可以去摸妈妈或者爸爸的头发，但在家里以外或者家里有其他人在的场合都不可以。怎样建立这样的规则呢？可以参考预防问题行为中"力建常规"的策略。最关键的是，在允许的场合就让他摸，而在非允许的场合就坚决制止这样的行为出现，如此坚持数周或数月。如果配合行为代价处理，效果更快。比如，可以通过"罚时出局"等负性惩罚原理，在儿童出现非预期行为的时候或者之后，剥夺他喜欢的并可以通过常规得到的某强化物一段时间，让儿童体会到表现出非预期行为的"代价"。

问题行为及临床咨询个案

表 3-2　个案基本情况诊断印象及分析

姓名：×××　　性别：男　　年龄：8 岁
记录日期：20××-×-××　（父母陪伴）

病史

爱发脾气，不合群，不喜欢上学。幼儿园时活动较多，曾诊断为多动症。在学校不听老师讲课，不写作业，和同学打架。总问"为什么要上学？为什么要写作业？"告诉妈妈上学很痛苦。不喜欢、不高兴就大喊大叫。对于滑板、游泳等兴趣活动，家长越逼着学他越不学，家长不管时能够自己学会，甚至较同龄孩子学得好。父母认为其语言理解力差，固执。能和小朋友一起玩，喜欢章鱼，并主动了解章鱼的特性等。不喜欢新事物，如拒绝穿新衣服、鞋。爸爸在场时，会稍微收敛行为。

家族史（略）

个人史

母孕期体健，足月剖宫产，出生时体重 7 斤。孕产史无异常。混合喂养。坐、爬、走较同龄晚 1 个月左右，语言发育无明显落后。适龄入幼儿园、小学。成绩一般。

精神检查

意识清，接触尚可，在进行 ADOS 测试过程中不能完全配合，认为是在学习，在妈妈怀里不下来，大声喊：我不喜欢学习。能够表述自己有高兴和害怕的体验，看到喜欢的东西如章鱼（图片或真的）就高兴，被妈妈吓就害怕，害怕就哭，打自己的头。

诊断分析

1. 存在社交障碍：①如不能和同龄人建立良好的伙伴关系，课间可以和小朋友玩耍，但因爱打架，不被别人喜欢，并以一些异常的或奇怪的举动去接触别人。② 在进行检查的过程中有目光的对视和情感的交流，如夸奖他说故事好时表现得很高兴，能用语言表达自己的要求。

2. 在行为喜好和活动方面固执地坚持重复和不变的模式：①喜欢章鱼并去搜集整理一些资料，也和别人分享，讲给父母听，别人能够理解他所讲的。

②不喜欢新的事物和环境，适应能力较差。如喜欢旧的衣服，拒绝换新的。在亲戚家哭泣要求回自己家。

3. 未发现有特殊的无意义的程序和仪式以及特殊的习惯。

咨询建议

1. 本次访谈的目的是诊断性评估，患儿在此过程中对于医院、学校、学习等过度敏感，并把测试当作学习，对抗性较强，收集到的信息因配合度差，不能反映真实平稳状态下人际交往和沟通交流的问题。不足以诊断为阿斯伯格综合征。

2. 该儿童目前有较多的行为问题，可能与多动、注意力缺陷障碍有关，且不能排除与教养方式有关，建议父母单独就诊。

表 3-3　个案咨询记录及点评说明

时间：20××－×－××
地点：北大六院门诊

咨询背景

来访者的儿子因不能坚持上学、学习困难咨询，医生在首次看过患儿之后建议家长单独咨询。

咨询记录	点评说明
妈妈先到门诊，给爸爸打电话后爸爸到。 **医生**：我觉得孩子的行为问题没有得到很好的控制。上次看到孩子，因为他当时的表现，没有单独和你们谈。从上次的观察来看，孩子对你们的控制挺强的。 **母**：上次他爸爸回去和我说，孩子的问题和我们的教养方式有关系，所以一直想过来。我一直管得挺严的。每天早上出门时都要给他讲，不要跟人家打架。他在家我们能看着，可是在学校我们就管不了。	医生的表白相当的直接，容易引起防御性辩解。 很有意思的回答。

医生：是啊。我相信你们能管得严。管孩子要找到时机，孩子不是说管得严了就好或是不严就不好，该管的时候管，不该管的时候就不要管。这个时机把握是最重要的。不在于说我严或者说我不严。举个例子来讲，上次在诊室的时候，孩子碰到事情就逃避，而且逃避的时候用的什么方式和在家里的时候，让他做他不愿做的事时用的逃避方式一样。	医生的回答也有防御的成分，说了一堆家长当时未必能明白的话。其实关键的是首尾两句。
母：发脾气。让他写作业特难。一回来就躺到床上。	
医生：是一回家就躺到床上还是听到写作业时才往床上躺？	切入实质性问题。这个澄清是必要的。
母：他知道回来就要写作业。放学后特别难，一放学，我一把拽住他就往家走，我们家离学校特别近，就5分钟，可是他左看看右看看，到处玩，就是不回家，可高兴了。我都怕了，因为他做作业特别慢，就赶紧催他回家，趁我换鞋的时候，他就往床上躺说自己累了。我就想各种办法把他从床上弄起来，包括掐啊。有时候也会哄他，跟他说好话。	现在来看，写作业这个"指令"是从放学接回家的路上就发生了，所以才一回家就躺到床上。
医生：这是日常的过程。那最近一周从他进家开始到他真正坐到那儿写作业大概有多长时间？	
母：大概25分钟。	
医生：半个小时左右。最长多长时间？	把情境具体化的努力。
母：反正必须得写。	
医生：逃避不了？	
母：对，对。	
医生：平均20、30分钟，短的多短？长的有1个钟头？	
母：没有没有。短的10来分钟，长的也有。	
医生：40分钟？	
母：差不多，或是吃饭就会歇会儿再写，或者我觉得特别累了或特别生气，也会过会儿再写。	
医生：就是在写的过程中，你特别生气呢就可以过一会儿写。	不仅仅是磨蹭，还有中断，看看中断的"条件和机会"，继续引
母：对。这是冲突最大的地方。他怎么回事呢？大	

夫,好比他写一会儿,他就会说"妈我歇会儿吧"。我就会说"儿子你快写吧",有时候会说七八次,我就火了,就会大声说"你快写吧!"他也会不高兴,就过来骂我,骂我笨蛋,还打我,我也就急了,就拽他两下,我们就这个样子,过一会儿再接着写。	导情境具化。
医生:打累了,歇一会儿。	进一步了解中断的"条件和机会"的具体表现。
母:对。我也不是真的打。就是两个人你拽我、我拽你这个样。	要是真打又如何?医生这句话意味深长。
医生:所以看起来时间都用在这儿。	
母:对。特别气人的就在这儿。他就是写,嘴上说妈我写,眼睛就这样(往上看),还不自主微笑,嘴还这样(小声嘟囔)。	情境再现越发具体了。
医生:发呆呢?你叫他才能回过神来?	
母:有时候能回来,有时候回不来。看起来他也痛苦,分分秒秒他也痛苦。有时我说儿子赶紧写完作业可以出去玩会儿。他写写就玩了,看着外面天黑了,就会打自己头:"为什么我不快点写?妈妈,天又黑了,我怎么不早点写啊!"他也特别后悔。每到这时候,他也很痛苦,我也很痛苦。我一看到他打自己头就会让他歇会儿再写。每次都写到特别晚,早上就想让孩子多睡会儿,孩子爸爸就会经常说我,别让他起那么晚,会迟到。	这一段可以说是经典的描述,孩子在自伤和自责的表现之后写得更快了呢还是更慢了呢? 妈妈最后一句把爸爸牵涉进来。
医生(对父亲说):你以前有没有听过这些事情?(母亲插话,笑,他经常白天不在家。)在这个过程中你有什么可以帮助你爱人的?	医生问得好。 以建设性主题探寻问题的根由。
父:有时我帮她她不同意啊!有时候我想带,和他妈分开一段时间。	
医生:就是你俩单独住?为了孩子你俩分居?	
父:比如五一,我想带孩子回山东老家,待上一段时间。	父母之间的冲突。
医生:可你爱人舍不得你啊!	
母:我就觉得没有必要。他就觉得孩子的情绪是我造成的。(被打断,医生要求父亲说。)	父母针对孩子的冲突。

(续表)

父：我单独带孩子或是我们俩都在，孩子的问题会少很多，如果单独跟她，问题会很多。 （母亲又要插话，被大夫打断。） 医生：我想先听完他（父亲）说，然后你再说。（转向父亲）你的意思是说，如果孩子单独跟你在一起状态不错，如果打分的话，可以打80分，单独和妈妈在一起，打分20分，如果和你俩在一起，可以打60分。40分？60分？80分？（父点头认可。） 母：我反对。因为跟他在一起，都是好玩的事情，带孩子出去玩，多高兴啊。孩子做作业时他不在家。 医生：为什么好玩的事情你不干呢？ 母：我也做啊！除了在学习上，我和儿子关系非常好。我们经常谈话，因为他（父亲）非常忙，我们母子关系真的非常好。	为什么？ 联想预防问题行为的策略。
医生：能够看出来，因为上次在诊室，一有需要，他就向你那儿跑。 母（点头）：是。儿子可能有注意力先天性的缺陷，也有意志力的问题，他可能比较懒惰。他爸爸一般不做这样的事，如果他做的话，我会很愿意，可是他总是带他出去玩或带他回老家，你想这些都是让孩子高兴的事。	医生不评判的态度是关键的。只描述事实，但这事实背后也有文章。 这是母亲所认为的孩子的问题所在，也是她反对爸爸的原因所在。
医生（对父亲）：那你也带他做作业。 父：一般相对比较少。 医生：那当时的状态打多少分？你要求他干不愿意的事？	继续了解事实的态度。
父：那也比他妈高，但不是特别高，能打60分吧。比如最简单的，他要求出去吃饭，被我拒绝了，说不行，他就发了一小下脾气就算了，如果是他妈，肯定不行。 母：我也肯定说不行。 父：那你嘴上说不行，但是态度不是很坚决。 医生：如果是妈妈的话，孩子会发脾气到什么程度？ 父：严重的话他就会打人。	又一次验证预防问题行为的策略。 关键的信息。

(续表)

医生：就是打你也不会让他去，但确实会发展到打人？	
母：对。	关键的澄清。
医生：要是爸爸就不会。	
母：对。	关键的澄清。
医生：你还有什么办法可以帮她？	继续建设性主题。
父：你比如说早晨起床。一般他起晚了肯定会迟到，形象肯定会不好。经常会踩着点去。她就不愿意早点去，说孩子在睡着状态下叫起对身体不好。可是多睡5分钟没什么意义嘛！	
母（强烈反对）：可是儿子做作业太晚，我想让他多睡会儿。早去会儿不就老师表扬一下嘛。我的意见是要求孩子可持续发展，包括在幼儿园。	父母依然各说各话，但围绕早晨起床多睡几分钟的争论暴露出更多有意义的信息。
医生：你的可持续发展的意思是让他多睡5分钟？	妈妈上纲上线，医生通过转述提醒。
母：不是多睡5分钟。在幼儿园时我的意见是让他自愿去幼儿园，可他每次都是打着滚去的，特别痛苦，我知道这个孩子难弄，我也要把他带进去。	
医生：你认为你非常坚决，即使是打着滚，也会把他送进去，没有因为他闹得凶，你就放弃。	妈妈多次流露她态度的坚决和坚持到底的做法，为什么问题行为依然持续？
母：对。孩子做作业做到9点多，10点多才睡，你不让他睡够，我觉得对大脑不好。	（时间）
医生：睡觉时间长短对大脑有没有影响，你俩谁懂？	
母：我不知道。他懂。	
医生：他知道啊。睡觉时间长短对大脑有没有影响，有多大的影响，肯定他比你清楚，所以科学和感情是两码事。	这一段关于睡眠和脑的对话，不是生理、科学的探讨，而是情感的积淀。
母（眼圈红）：每天孩子写得特别晚，我觉得孩子挺可怜的。	
医生：你是又爱孩子又恨孩子！	
母：真的是觉得孩子可怜。看到别的孩子在外面玩，我特想也让我的孩子出去玩（哭）。每天早上上学都特费劲，都是谈话进去（教室）。他说："妈妈为什么要写作业？"我就告诉他，"儿子，你必须	医生的共情和代述技巧让妈妈得到比较痛快的宣泄。

（续表）

得写作业，你要不写，就忘了，老师是关心你才给你留作业。儿子，快打铃了，快进去吧。"他又说："妈妈，我再问最后一个问题，为什么要上学？"我已经给他讲了很多遍了，说："你要做一个对社会有用的人，要自己养活自己，要对社会有贡献。"（泣不成声，爸爸递给一张纸巾。）到后来，我就不给他讲了，我就说："儿子，如果你觉得特别难受，你在桌子上趴会儿也可以，但是你必须得去。"所以，他上学是我们家的底线。他上学之前，我就担心他不能坚持上学，没想到，这一天到来得这么快。这次数学单元测验考了 25 分，我一看卷子，基本上没做。在一年级时我还有信心和他（父亲）说，我还有信心。	
医生（对父亲）：她还挺理解你？虽然你在家时间少，她也没就这方面和你发生争执？	
父：就是我要求管这个孩子，她也不让我管，经常这样。曾经因为这个孩子，我们俩差点离婚。（问为什么？）孩子有一次碰到手，没有破也没有红肿，就非得送到儿童医院全面检查，我就不能接受。	这一段为孩子就医的小话题也反映了很多有意义的信息。
医生：（笑）男人女人考虑本来就不一样嘛！	
母：只有那一次。儿子淘气，把手伸到电动玩具的小洞里，把手指头挤住了，我就说去医院看一下，没事就回来，他就为这事跟我闹。	
医生：你们俩说得都有道理，关键的问题是……（被父亲打断）	
父：这是比较突出的一件事情，我就说，我管他一段时间，你就在旁边，别说话，她肯定做不到。	
医生：男人和女人带孩子的方式是不一样的，这是最关键的。	
父：我儿子从小去过 200 次急诊。	
母：反对。所有的消炎药都不是我给的，去医院医生给的，是查血后医生给的。（父母就此争吵。）	
医生：我们不再讨论专业的问题。（转向父亲）除了你自己可以带孩子，你还有没有更好的可以帮助她的办法？	依然坚持建设性主题。

(续表)

父：我也想找别人给她一些建议，可是她不听。 **母**：我觉得孩子的问题需要父母一起努力，他做老公不努力来找别人跟我建议，再说，那个人是搞孤独症的。郭大夫，您排除我儿子不是孤独症，我轻松多了，真的。 **医生**：我还没诊断呢。 **母**：我觉得我儿子不是孤独症。	一段很有意思的对话。
医生：（向父亲）还有吗？除了你自己带，或是找别人帮助。	继续坚持在建设性主题上。
母：他可以带，看着他辅导他做功课，我可以在旁边。可是你别想把他给我弄走，孩子从小一直我带，你不理解。你把他3点接回来，辅导他写完作业，然后该干嘛干嘛去，他要是带就是把孩子带到他姐姐那，要不就是带给爷爷奶奶，那是他带孩子？为什么要把我撇开？你不是说我管不好吗？你又不坐班，每天可以回来辅导孩子，你这种态度不是解决问题的态度（声音大，生气）。他不是解决问题的态度。你既然能自己管，那就在放学后我们冲突最厉害的时候回来帮我，其实我们母子关系非常好，真的，我们经常谈话。 **医生**：还有没有别的办法？（父摇头）	

  这是临床实际咨询的案例记载，父母与孩子一起咨询过一次，主要是为了获得诊断的信息，父母单独来过两次，第一次是为了澄清孩子的问题行为和管理策略，第二次比较简单，汇报了孩子的进步和管理过程中的体会。表格中主要记述了第一次和第二次咨询的实况。

  正如本书第三章所讨论的那样，咨询者前来咨询的焦点都是一些他们看到或者认为的各种各样的问题，比如：对学习没有兴趣（不爱学习，不爱写作业），懒散，注意力先天缺陷，意志力薄弱等。这些既是咨询者所认定的问题，同时又是咨询者自身对人、对事的判断。他/她既有此判断，被咨询者倘若依了这样的判断去分析，无非有两个途径：试图说服咨询者的观点是错误的；或者试图改变咨询者所判断的人或事，让他（她）们变得"有兴趣""爱学习""爱写作业""弥补注意力的先天缺陷（比如吃药）"，变得"意志坚定"。且不说这两个途径都非易事，难于成功，即使有所功效，也非分析的途径，更不是行为分析的途径。

通过行为分析途径去解决问题，首要的是从对"问题"的分析中找到焦点的"问题行为"。一如本例从"不爱写作业"的"问题"中找到"从放了学就东张西望"，"从一进家就躺在床上拉也不动，拽也不起"，好不容易去写作业了，也是"写写停停，断断续续"的过程，其中不乏母亲的痛苦、责罚、打骂以及儿子相应的行为回报（与母亲管理的对抗中出现的打骂行为）。

本书中提到，普通百姓对于儿童的管理，常兴于所发现的"问题"，而止于管理过程中儿童表现出的"问题行为"。本例又何尝不是如此？

例中母亲对于"问题"的执着，使她从没有放弃过"管理"，也就是说，她"坚持"看到"问题"的解决结果（作业写完，去上学）。对结果的追求使她下意识地觉得自己是个有原则、严格的妈妈，因而不会"溺爱"更不会"放纵"孩子。

殊不知这个结果是在过程中用一个个小的"管理过程的终止"的代价换来的，表现为孩子在所需要完成的事情上的拖延。孩子通过各种形式的问题行为实现了对想逃避的事情的拖延，而妈妈则以最后的胜利获得慰藉。只是这种拖延并非一成不变，而是越来越长，越来越突出，以至于妈妈感到难以为继（也就是妈妈对能否坚持到最后的胜利越来越失去信心），最终到了求助外力（咨询）的程度。

上述分析总结并非凭空臆想，也不是咨询者主动提供，需要如同实例表格中所呈现的那样的探寻和追根究底。值得一提的是，这个追根究底，追的是事实，究的是过程。没有事实的还原，没有过程的再现，是做不了行为分析的。

当然，行为过程一旦再现，针对行为问题的解决策略也就水到渠成，且解决之道往往不止一种，本书在预防策略和管理策略篇章中介绍的各类招数都可以与咨询者协商而由咨询者定夺取舍。

下 篇

第一章　行为主义的生命观

第二章　ABA 在孤独症领域的应用

第三章　ALSO 理念的提出与发展

第一章　行为主义的生命观

发心向善，寓智于行

先说说"发心向善"。爱，如果抛开情爱和私爱等狭义的观点，而是从爱众生，甚至泛爱众物的角度来看，它几近于善。善也很难定义，恐怕只能描述。从描述的角度，善具有利用万有①、贵俭恶奢②两个特点。

世界的物质在自然的善的法则（利用万有，贵俭恶奢）作用下，在动态的相互作用中各复归其根，各复归其位。用拟人的话语来说，大家都在寻找自己最佳的位置，只要这个位置不合适，就会有冲突发生。冲突会促使我们找到更适合、更佳的位置。那个不再有冲突的位置，就是最精简的组织或者整体结构中最合适的位置。

但是那个位置在哪里到目前为止还没有定论，因为当下永远是趋于完善但远未尽善的阶段。在这个阶段里，你只能找到暂时的平衡和位置，不能永恒地避免冲突。冲突对当下来说，并不是纯坏的事情。从更长远的眼光来看，它迫使物质找寻更佳的位置和更精简的组织方式。或者说，冲突使自然的善的法则成为可能。自然自有的善，并不是静水一汪，而是动态的过程。科学界的"奥卡姆剃刀原理"表述的也是相近的理念。但是，利用万有、去奢就俭远远不止于奥卡姆剃刀原理在理论假说上的应用。

---

① 注：万有，犹万物。利用万有，对万物有利、有用。
② 注：形式俭通减。通过减去冗余，达到最精最简的组织或者结构方式。

有灵性的众生出现之前，善遵循的是客观的自然法则，而自然本身就有利用万有、贵俭恶奢的特点。在有灵性的众生出现之后，尤其有语言、有思考的人类出现以后，善就多了发心向善的主动、主观的意涵。它不仅主动发现自然的善的法则并以此为行为依据；它还借此向自己发号施令，善作而善成。

有灵性的众生从无到有本身，就是自然之"利用万有，去奢就俭"过程之必然结果。自然本身是一个自组织、自完善的系统，而它之所以能够自组织、自完善，正是借助于它趋于利用万有、贵俭恶奢两个自然的善的法则。其自运行的结果，就是以不能再俭的单元和结构建构成维持最大化利用万有的复杂体系，达成至俭至精，至善至诚。

人是这个自组织、自完善体系运行过程中的产物和其中一环。想象一下，组成我们人体的物质其实普通得很，质量也不大，但就是这样的物质组合体，它在利用万有的方面有我们自己都很难想象的庞大能量。而我们人类自身够不够俭、我们人类自身的能力和能量是否已足够利用万有了呢？还有没有进一步利用万有、贵俭恶奢的余地和可能呢？我认为答案是肯定的。

作为万灵中最具代表性的人类，能从茹毛饮血、靠石器生活到如今上天揽月、深海捉鳖，既是自然法则使成，也是自然法则在自组织、自完善机制上的生动体现。那么，作为自组织、自完善体系运行过程中的产物和其中一环的人类以及其个体，我们在完成这个自组织、自完善过程中的独特性体现在哪里呢？我认为大概在三个方向。

第一个方向：穷万物之理。

万物先于人类而成而在，但万物所成所在之理却是待人类之后发现的。人类总体及其优秀的个别代表在自然之自组织、自完善过程中的使命之一，就是把这些万物所成所在的道理厘清。去伪存真，去繁就简。理论的诞生是一个发现的过程，也是一个完善的过程。这个过程，到目前为止，除了自然所造之物即人能完成，我还想象不出哪一个物种可以胜任。

第二个方向：究我心能照。

人这个自然所造之尤物，不仅可以外探物理，还能反观自照。它对自身的特性和能力还特别有兴趣。在反观自照之中，得出很多人生智慧和体验。这些智慧和体验虽然不能像外在的物理那样可以通过计算验证或求证，但是数千年来，也通过比喻、拟喻、直喻等方式让人神魂颠倒，前仆后继。

第三个方向：化一切向善。

向外对物理的探求让人对外通透，向内对自我的反观自照让人对内通透。内外通透，便可自化从善以及化它从善。

自然之善是否经由人类终其大成，无可得知。但这三个方向，我认为是值得人类总体及其优秀代表穷其一生并代际相替地追索的。

再说说寓智于行。当我们的认识摆脱了私爱的局限而有宏大的愿景以后，回到当下，我们该怎么生活？要知道，虽然我们是众生灵性的代表，但属于人类个体的生命是有限的。对于整个人类而言，我们认识到人类的历史有限度，但具体多长我们还不能衡量，但对于个体的人的生命而言，常识也告诉我们，它不过百年的时光。

当生命被限定在这样局限的时光里，生命就不再是抽象的概念，而是具体的行为方式了，或者说，生命就是百年时光里我们具体的行为。

具体的行为，就离不开它所在的背景①，也离不开它对所在背景的影响②。时间和空间，只有相对于行为才是一个有意义的变量，才拥有内涵。时间和空间的意识，不是一个客观、绝对的存在，而是人的先天直观体现。这是康德早就解决了的问题。行为是生命的体现，也是生命的全部。珍惜生命，就是要智慧地打发这百年时光，也就是要智慧地安排自己的行为，就是寓智于行。

有了当下这个节点，时间就被分为三个部分。过去的，叫作经验；未来的，叫作探索。探索不是全新的尝试，离不开经验；但经验不能有效解决未来的冲突，需要新的行为出现。这又变成了个体的经验（只要个体还活着）。

所谓寓智于行，首先要明了当下。当下所关注的行为是什么？该行为在什么样的环境变量下存在？其中直接相关的变量是什么？该行为在历史中是否出现过？以什么样的频率出现？如果历史上出现过该行为，那么出

---

① 注：背景就是当下的行为之前的时间，空间里的人、事、物、我以及其相互作用，因此背景而有此行为。
② 注：时间、空间、人、事、物、我因此行为而带来的实时变化。

现以后对环境的影响是什么？如果历史上没有出现过该行为，或者以极低的频率出现过，那么，当下创设怎样的环境会促使该行为出现？如何帮助该行为更多地出现？明了当下，就是智。盲动乱为或意气用事，就是昏。智则顺，昏则乱。

所谓寓智于行，还需要了解基本行为规律。行为规律可能表现为个人生活经验的直觉反应，但更多的是前人的理论总结和实验验证。在对所关注的行为当下有了充分了解的基础上（掌握行为的相关变量），那些行为规律就是有效的改变行为的武器。

但这些规律，如果离开与当下行为有关的上述变量和当下行为的相关影响因素，它们就仅是书上的文字而已。规律必须结合实际的行为、实际的情况，才能显示其威力。如果不善于学习、发现和总结客观的行为规律匆匆做事，即使我们能侥幸成功（可能依赖于个人经验直觉，生活上符合规律，但还没有理论意识），做事效率也会大打折扣。符合行为规律，才是智。

所谓寓智于行，妙在"不得已"。这一条不是我个人的阐发，而是千古第一智者，我们中华先贤之一——老子的观点。不得已而后动。动在不得已，也就是说，行动是必要的，不是可动可不动的，必要才行动，这也是符合"贵俭恶奢"这个自原则的。既是必要，就要真动，就要精进，就要作而不止，就要不达目的不罢休。能不动则不必动，不折腾，不虚饰，不搞形式主义。

个体生命是偶然（或无）中的必然（既有）

个体的生命是这样一个神奇的存在。它本是"或无"，却突而"既有"。

生命都是借助本不相关的"他者"而成为"自己"的。父母原本是两个素不相识的人，在成为"你我"夫妻之前，分别是各自眼中的"他者"。

生命分有自父母，自父母有机会阴阳和合以后，个体生命就随时可能诞生。每一个既成生命之个体，就是这亿万可能性之一。这浩如烟海的每一个可能的生命机会，它们不是完全的虚无，因为纯虚无的东西是断不可能有任何机会为有的，因此，我们可以称之为"或无"（或许会"无"，或许会不存在）。"或无"甚众，而"既有"唯一。"既有"也不过众"或无"之一粟。一切"既有",在未有之前,都只是"或无"。"或无"非无。"既有"可追,而"或无"常无寻。

上面这段话,说得已经很具体了,可是很可能还有很多人感觉绕。我再直白一点儿:每一个生命的产生,都是特定的时段、特定的物理环境、特定的情绪行为下的机缘巧合。我们可以说,如果不是在这个特定时段(甚至具体到分秒)、特定的物理环境(甚至细节到床上或沙发)、特定的情绪行为之下,那么,成为"既有"的那个,很可能就不是我们。父母可以计划要一个孩子(生命),但他们计划不了"你"的出现。从这个角度上讲,每一个"既有"的生命都是带着一定的偶然性必然地来到这个世界的。必然体现在成为该生命的瞬间,而在此前,一切皆为偶然。一个"必然"的"既有",也同时宣告了一众"或无"(未被生命瞬间凝固的偶然性)的"消亡"。

虽分有自父母,父母无论如何再复制不出第二个"我"。生命从"或无"中"既有",时间便从抽象到具象。接下来就是孕育、生长与消亡。在此具象的、有限的时间里,生命体现为生命体与其浸润其间的环境之间或客或主的互动。对于人这个生命体而言,生命就是与人(包括自己)、与物、与事的互动。

这个互动,就是行为。因此可以说,无生命不行为;无行为不生命。

生命体现为行为,行为成就了生命

生命历程

每一个人都是借由父亲的一个精子和母亲的一个卵子,在特定而不可复制的时机结合而开始其生命历程的。这个时机不由自己控制,也不是父母可以计划或者安排的。可以说,我们每一个人都是随机地降临到这个独一无二的适合我们生存的地球上来的。

按人生百年计算,我们在这个蓝色星球上生存的时间也不过是876000小时。那个幸运的精子还没有遇上等待它的那个卵子的时候,这个时间是未设定的。但自从它们"终成眷属",人生就开始了从这个时间消减而非增加的历程。

人这一生的不足百年的时光里,似乎没有什么是比"我"更亲切、更可靠的存在了。个体的生命到底是在什么时候开始意识到"我"的,又是在什么时候被生理地或者病理地剥夺了"我"的意识的,精确地定位这个时间对心理学家们也许很重要,但对本书要讨论的话题不重要。

我们只要知道,在生命的较早期阶段,我们就已经意识到"我"之存在了,在生命的较晚期阶段,我们才丧失了认识"我"的能力。相对于整个生命的历程,可以近似地认为,"我"的历程约等于"生命"的历程。

"我"的历程,大致相当于"我的生命"的历程。但"我"和"我的生命"却决然是两回事。我的生命是一个不断变化的、今非夕是的存在,而"我"是一个可以体验自我生命变化以及万事万物变化的"恒在"。"我"在可体验的 876000 小时内恒定不变,甚至可以在这个属于我的可体验的时段,以"恒在"之"我"体验超越这 876000 小时的一切存在及其变化(包括时间、空间和体现时空的他物)。也就是说,我在有生是唯一恒在的我,在此有生,我不仅"知"我,还"知"这个与我共存的世界,还进一步"知"我所存在的世界的过去、现在与未来。

我从何来,我又是谁?

自降生以来,作为生命体的我,便是一个活生生的存在。所谓活生生的存在,就是一个以"行为"为介质,与人、事、物、我打交道的存在。人脱离开行为便不能彰显其存在;人也只能存在于与人、事、物、我打交道的行为中。

作为行为载体的人是物理时空中的一个暂存。行为本身则是生命体与其周围环境中的人、事、物、我之间不断更进的一种序贯性的相互作用。这种序贯性的、相互作用的关系,我们称之为序贯联系(Temporal Relations)。这种序贯联系在应用行为分析领域我们通常称之为行为依联(contingency),比较笼统的描述是行为的三项依联关系,包括前事背景(A, antecedents)、行为事件(B, behavior)、后效影响(C, consequences);比较精准的描述是行为的四项依联关系，比如，把动机操作（MO）加入进来，变成四项依联关系，即 MO-A-B-C。

把行为放在与人、事、物、我的序贯联系中看待，行为便不再是一个孤立的事件，而是与人、事、物、我在特定的时间和空间里的一种绑定。从这个意义上说，行为如同生命本身一样，是不可更复的，也如同生命本身一样，是变动不居的（这也是前文中我们说行为本身是生命体与其周围环境中人、事、物、我之间不断更进的一种序贯性相互作用的意旨所在）。

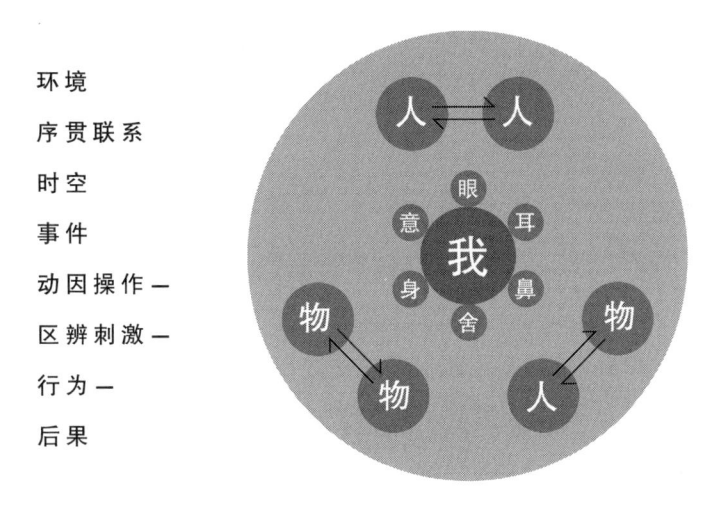

环境
序贯联系
时空
事件
动因操作—
区辨刺激—
行为—
后果

我从何来？

我从何来，从作为生命体的"我"与周遭的人、事、物（包含自己的身体）打交道中来，或者，从我自身的行为中来。在开始的时候，生命体与周遭世界打交道是自然的天人合一的，是缺乏自我意识下的行为，或者也可以说，是近似动物性的行为。但生命体的我通过自身行为（包括接受人文教育过程），逐渐有了物我、人我、人事、我事、人物、我物的区别意识，"我"就产生了。也就是说，在生命体有了区辨性的行为，且一切区辨以自身不变或者以自身主体为参照的时候，"我"的意识就开始了。所以，"我"既是行为（生命体与人、事、物打交道）的产物，本身也是一种行为。这种行为，我们可以称之为"自我意识"或"自我概念"。

人在产生了这种意识，或者拥有这种自我意识的行为能力之后，个体的行为就被赋予了双重意涵，第一重是非（自我）觉察意识下的；第二重是（自我）觉察意识下的。第一重受外在物理时空的局限明显；第二重受物理时空的局限不再那么明显，反而是受觉察的时序关系以及觉察的内容影响至大。按照觉察的时序关系和觉察内容，第二重又可以分为若干层次（有兴趣的读者可以参考佛学中关于虚妄的解释或胡塞尔的著作《第一哲学》）。

自我意识或者自我概念发展以后，作为生命体的人的行为就拓展为与人、事、物、我打交道。这里的我，不仅仅指我的身体（客观之物之一），更多的是指自我的意识和自我意识下的对象。（即我思，或者一般来说，指概念。）

我又是谁？

对这个问题的回答，必然是从第二重的行为含义上来的。那个天人合一的、生物的我断然不能回答这类问题。因为这类问题本身内设的前提是自我觉察。

我是那个可以被自己以及熟悉我的人预测其行为模式（即人格）的那个生命体。因为我可以被预测，所以，我熟悉自己，对自我感到真实、亲切；因为我可以被预测，所以周围的人才能够方便地与我相处。

模式化的或者个人独有的、可以预测的行为，也就是我所独有的、但经常再现的（功能类似、情境类似，或形态类似）我跟周遭人、事、物以及自己打交道的行为。换句话说，我是在当下以及历史中，所表现的与人、与事、与物、与自己打交道的独有的行为库存（behavior repertoire）。

这个行为库存，除了"我"作为人种之一的种系行为以外，更多的，甚至绝大部分，是"我"自有生以来、与周遭环境（人、事、物、我）打交道过程中，经由强化依联而赋予在我这个生命体身上的。人之种系行为使我生而为人，但自有生以来的、经由条件和机会塑造的，隶属于"我"的行为库存才使我生而为"我"。"我"就是我独有的强化历史以及该历史所塑造的我独立表现的"行为库存"。用一句话来说，我就是我在行为中所一再表现的那个存在。这个存在，不是什么机关的产物，也不是什么神的意志，它是"我行为"的历史的产物。但"我行为"的历史随着生命的延续而在不断变化，因此，"我"也不是一个静止不变的存在，但在当下，"我"是"我的历史"的必然，是稳定而可预测的。要小心的是，当下是难以定义的，或者说，当下是一种虚幻的感觉。严格说来，我们只有过去和未来，并没有一个可以界定的当下。应用行为分析的专业人员在定义当下行为单元时所提出的行为连续进程中的中断不能超过 60 秒，这是一个操作性的共识约定。

人生有何意义？

说人生的意义，基本上等同于人为何而活。为目的而存在，为意义而奔忙，大概是人之为人最鲜明的行为特征了。

人生的意义是多重、因人而异、不一而足的。但如果我们把芸芸众生的一众行为放在一起，就会看到它们差不多指向三个方向：成就性的，关系性的，以及体验性的。它们既可以是行为的产物或后果，尤其对于成就性的意义来说；也可以是行为自己，尤其对于体验性的意义来说。

成就性的意义，简单理解就是向事而活或为事而活。成就可以是发展的，比如坐、爬、行走、说话等具有里程碑意义的行为获得；可以是学业的，比如小学、中学、大学，以及各学科的学业成绩；可以是理论、伦理的，比如规律、定理的发现和阐发；可以是积累、累计的，比如工作量的计算、财产以及财富的聚积。

关系性的意义，简单理解就是向他而活或为他而活。"他"如无亲疏远近，则是泛爱或兼爱；"他"如有亲疏远近，则是亲"亲"。一家之人，一单位之人，一社区之人，一家乡之人，一国家之人，一地球之人。你身处不同的情境，你对"他"者的亲疏体验就各个不同，你对他者的行为取向和表现也各个不同。

体验性的意义，简单理解就是向己而活或为己而活。它可以分为三个层次，第一层次，是与感官相接的体验，包括色、声、香、味、触；第二层次，是与理性思维相接的体验，包括各类法则之形成；第三层次，是超验之体验，譬如佛之涅槃，道之天人合一。超验体验的特征是可验却不可说。

人类合目的之行为（无论是意识的还是下意识的）的意义，总归来看，大致在三个方向。三个方向之间，彼此相融相通，可相互成就，也可相互掣肘，但并无壁垒。这三个方向的意义，都是在行为中体现（个体与人、事、物、我打交道中体现），也是一切行为的归宿（与人、事、物、我打交道的行为无不指向成就、关系和体验）。所以人生的意义不外乎彰显成就、关爱他人、丰富个人体验。

再论行为的意义

我们的行为，无论是言语还是动作，它们只是它们自身，不附带任何东西，包括意义。所谓意义，通常在我们的行为之外，在我们之所以如此行为的背景因素里。这个背景因素，既包括我们当下行为所处的物理空间（其间重要的是人、事、物、我的相互关系），也包括当下行为之前个体与环境相互作用的整个历史。把历史的因素放到当下的行动中来考虑，就可以理解为什么行为之后发生的事件可以是之前行为的原因了。

有生之个体，生命行为和时间是并进的，进行中的行为所带来的结果和变化会对未进行的行为产生影响，如此不已，循环无端，从个体生命降生开始，到个体生命消亡为止！

当下行为所带来的影响和变化，除了作为个体的经历伴随个体，还可以依附于纸张和各种介质，这就形成一个人的言说记录或行为传记，它们作为环境中的物理变量，加入为个体行为赋予意义的背景因素中，影响个体当下的行为。

我们的行为有什么意义，作为经历，它们让自我更成熟、发生变化；作为行为产物（个体生命记载），它们影响个体和他人的行为，给个体和他人进一步的行为赋予意义。

欲求，行为与人生

浮梦此生无他意，人事物我避与趋。

欲趋之物事，总是以剥夺反衬之，以满足削弱之。剥夺愈久，则欲求愈加；满足愈速，则欲求愈减。欲避之物事，总是以情势反衬之，以逃避抵消之。情势愈盛，则求避愈加；逃避愈速，则情势愈减。

欲求，行为之可能也；行为，欲求有所得也。

生命终究是一段有限的体验。对于一般意义的人生而言，在这一段历程里，由于时间的不可逆性，我们总是在满足于某些体验的同时，也在经历着其他体验的被剥夺，一旦我们对某体验的满足达到极点，其他被剥夺的体验就会驱使我们做出一些改变。满足是削弱动机的，剥夺则增强之。

譬如久坐，坐的体验不断得到满足，但行走的体验就相对被剥夺了（躺下来的体验相对也被剥夺了），所以坐久了，我们大概率会要站起来走一走（或者躺下来休息）。譬如吃过午饭，觅食和进食的行为得到大大的满足，大概率不会再想找任何东西吃或吃任何东西。所以我们午休或者继续工作。这样让获取食物的行为及相关体验处于一段时间的剥夺之中，大概5～6个小时以后，我们又开始把觅食和进食作为首要的事情去做。

学习也是一种行为的过程，通常是把不在当前行为库存的行为转化为行为库存的过程。这个过程离不开行为的反复练习。也就是该行为不断被强化的过程。那么，作为维持该行为或者强化该行为的强化物，它要保持其强化的效能，就必须处于一定程度的被剥夺状态。通过学习的行为，而获得满足的机会。因此，我们日常所谓的"学习"（行为技能的获得过程）是在个体得到满足但动机还没有降到零的时段发生的。剥夺是学习的准备阶段，剥夺越久，学习（行为）的动机越强。趋和避既然是行为的自然倾向，那么，所趋和所避就可以被人为利用，来增进对个体适应性行为技能的学习。

我们日常生活中所谓原则、底线的管理，在于不给个体突破这种原则和底线的任何希望，使突破原则和底线的欲望在剥夺之中趋近于绝望，断灭一切突破原则和底线的希望的萌芽。越接近绝望，原则底线越能坚守；

越是让希望的萌芽滋生,我们越容易滑向突破原则和底线的深渊。所谓扎紧藩篱,一靠现实的惩罚,二靠道德(规范)的约束。通过惩罚或道德的约束,让人们不敢乃至不想(对行坏事可能性的断灭或绝望)行为。

我们教学,就是要给予希望(给予并展示可能性);我们管理,就是要使之尽快绝望(防止乃至断灭可能性)。

哲学意义的人生,一定是对有语言能力的人而言的。从哲学意义的人生而言,知识、真理、意义,知之愈多,则知不知愈多;愈了解真理,愈知真理之难得,对知识、真理、意义就越是感到处于匮乏的剥夺之中,感到知难尽而真难索,人生意义的追求就越发无止境。

从另外一个层次上说,人愈向知识、真理、意义追索,则其脱离一般意义的人生愈多。一般意义上的欲求与满足(声、色、味、触、名与利)对他的行为影响越小,人生归至简、思想归至深是必然的结局。人活到这种境界,他对原则底线的坚守就不再是任何藩篱阻挡到绝望的结果,而是自然又必然的选择。可是,此时,已不能称其为人,而只能称其为圣。

至圣,从来都是活出来的,而不是从石头缝里蹦出来的。

论体验的自由与人的存在

心理现象由来已久,对其的反思和解释也如影随形。在人类文明史上,这些反思和解释始终围绕一个"人"与"非人"的主题。这个观点很容易让人误会。所以,在进一步论述之前,有必要先对"人"与"非人"做一些限定或者解释。

这里的"人",指的是一种能动的、可意会的、灵活不居的、既广且深的附加于人的一种现象,即能体验和体验着;这里的"非人"不是否定人和人性的意思,而是不以其个人意志为左右的,受客观环境、客观规律甚至客观结构所限制的那一部分同样属于人的属性的,这种属性也是可以广而深地附加于人的一种现象,即已知和可知。

概括地说,自冯特以远的数千年,以对前一部分人性现象的解释和说明为主,但自冯特以来,百多年间到现在,对后一部分人性现象的解释和说明却成为主流,直到人本主义及其极端发展"超个人心理学"诞生。这百十年间,对心理现象的兴趣和研究,不仅成为"学",而且,还努力地挤进了"科学"的殿堂,尽管地位上不免尴尬:在哲学界发生过把心理学赶出去的呼吁,在科学界则一直存在对它的科学性的质疑。从上述层面的意思看,这个"人"与"非人"的主题实质上就是"人到底有无自由以及如何获得自由"的主题。

从人类发展的角度看,人首先跟自己的思维、情感和行动(体验的一面,比如"能看与看到","能思与所思")而不是自身的身体结构(非人的一面,或者解剖的一面,比如眼球的内部构造与大脑神经元的连接,这是人自身所不能体验的东西)更密切地接触。所以,人自然更先关注自己的所思所想所感所行以及由此思、想、感、行与环境的相互作用,而不是自己的骨骼、肌肉、心、肝、脾、肺、肾,最后是脑,甚至在已经有了一定的解剖认识后,还是更多地从人性之"体验"的一面,而不是"非人"的一面,去认识和理解这些解剖结构。在中国,这种认识更是延续到现在,比如,在中医学里对心、肝、脾、肺、肾的理解和认识。

无论从发展的历史角度,还是现实存在的角度,人最亲密接触的,是最难根本认识的那个层面(体验)。但人最能把握和控制的,是最不能直接体验的或者不是那么容易体验到的层面(科学,或者非人的)。所以,科学是最有力地改变自然的武器,但要人人建立科学的思维也绝非一时之功。

围绕人究竟是自由还是无自由这个问题,人在搞清楚他真正的"人"的本性(这是道的问题,形而上的问题)之前,先要搞清楚他"非人"的本质属性(这是器的问题,形而下的问题,或者狭义地说,是科学的问题)。人在结构上是物质的、不自由的、决定论的,但人在体验上是非物质的、自由的、无限制的。物质的、不自由的、决定论的东西更容易为人所了解、把握和精确控制;而自由的、无限制的、非物质的体验却总是变动不居但又客观存在。它离不开物质(此处物质属于客观实在性的狭义层面),却又不为物质的属性所羁绊。认知神经心理学家一直尝试着用物质的变化去解释和说明人的体验,但是,他们只完成了一步:那就是,他们只是说明了物质的变化和体验的相关性,却无法用物质的变化解释体验的内容和体验本身。这也不难理解，物质难以超出它自身的属性，除非，我们找到一种能体验的物质。

人就是一种能体验的特殊物质。人在结构上的属性是客观实在性，人在体验上的属性是客观存在性。我思故我在，是说体验上的客观存在；我不思也在，说的是结构层面上的客观实在（经验领域）。没有人能否认思考（作为一种体验）存在的客观性，也没有人能否认思考的人实在的客观性（经验领域）。

思考作为一种现象，它的存在是自明的；但思考不能脱离思考者的结构属性，也就是它不能离开思考者而独立存在。作为体验的思考不能脱离思考者而独立存在，而作为体验的结果（思考的产品，或者思想）则完全可以借助于其他物质的形式而独立存在，譬如，表达于声波，或者记录在书简上。我们在思考上的很多混乱（主观唯心主义、客观唯心主义、唯物主义等），在我看来，根源在于我们没有区分作为体验的思考和作为"思考"这种体验的"产品"（思考所得，它可以脱离思考者依附于其他物质）是不同的。

作为能体验的特殊物质，人是不可无限还原和分解的。分解和还原是探索作为实在的物质世界的有力武器，假如我们要了解作为实在存在的人性层面（即人的结构属性），当然就要解剖入微，不仅仅要大卸八块地拆开来看，还要拿着显微镜和电子显微镜去看，实际上，我们在这方面也的确取得了显著且非凡的成就。但要研究作为体验存在的人性层面，分解和还原论显然是个死胡同。但我们除了现象学的方法和手段，似乎还仍然未得其门。可是经常跟体验打交道的精神科医生对现象学又知之多少呢？

这节内容（思想）是我思考体验的产物。您能看到，它首先依赖于体验着的我（我的结构属性），其次还要依附于另外的物质的形式（我敲在电脑上，通过电子邮件或者微博、微信所依赖的科学技术）。"体验着"是一种客观存在，但它存在的时候也就消失了，不可复来。体验的产品（思想），却可以复制、传播、复现。因为它作为产品，已经不再依附于我（我的结构属性），而是依附于不以我的意志为转移的任何其他物质。

通过本节阐述我希望您能区分客观实在和客观存在的不同；体验和体验的产品的不同。如果您能体验到两组概念的不同之处，您与我就达成了一种共识。

论生命的自生、独化

先有天地，而后有人。先有古人，而后有今人。无天地恐无古之人，无古之人恐无今之人。天地本自有，无言亦无息。万物繁育其间，生有亡无，皆自生化。孰与有恩，孰与有恨，孰与为宰，孰与为纪？

天者，虚空者也；地者，生物者也；人者，生物之精者也。何其谓精？只因有思。有思复有名，天地而后称；有思复有比，小大极无穷。思又因何起？感物而心动。物何以得感？托空以得形。心何以知动，体变于时中。感物心动而后有言，有言乃有辩，辩者有不知。不知有三，不知物之本；不知现象之周全；不知能知之界限。尽能知，务周全，而后体本，则或可近于本也。体本无捷径，知能知之界限而尽能知之所能，追求现象周全之可能。唯是而已。

命虽在天亦在我，在我者，行动之主使也。自由与必然，何以无矛盾畅行其间？所言者，非一事也。必然在经验中说，一切无不因果；自由在先验中说，拟本而已。

谈生命的自生、独化

每一个个体，生不由己（自己还不存在，当然不能规定自己的存在），似乎也不由人（父母虽然可以规划一个新生命的诞生，但他们无法确保那个新生命必然是我），既然不是任谁之规定而有，我们也可以说它是自有（自生或天生、自然而生）。

天宜其生而自生，既宜其生，也必宜其长。生生、生化都不过是个体在天宜生这个前提下的自为而已。天之所宜，对于我们人类生命而言，含一切生命诞生所宜之条件，比如空气（湿度、温度、氧气）、水分、土壤等；

也包含父母、家人、居室、社会等独有之条件。这些条件在恰当的时间、恰当的互动下造就了恰当而独特的个体。个体便也开始了利用天所宜其生的条件而自我生长、成长（独化）之征程。它是它自己，不是任何他者的延伸或者延续，也不是任何他者的附庸。教育实际上是成就个体生命自生、独化要求的可利用的条件之一。

这个观点，并非我的发明。从先秦庄子，到魏晋郭象，都有自生、独化之论源起；十八世纪法国启蒙思想家卢梭的自然教育论也有自生、独化的根髓在其中。到现代社会，要求尊重孩子的天性和自主发展精神，都无一不体现着自生、独化的生命关照。

从行为主义看，生命发展也存在条件塑造的行为（Contingency shaped behavior CSB）和规则指导下的行为（Rule Governed Behavior, RGB）这两种行为发展观。前者与自生、独化和自然教育论有很多交叉融合的地方。在有了言语行为能力之后，规则（无论是他律还是自律）也需借助于自身的遵守和执行才得以成为规则。因此，自生、独化是我们关照生命和生命发展必须秉持的一个根本原则和信仰。

如果我们把生命等同于在有限的时段里的生命行为的话，这个观点就比较好理解了。一切生命行为无不是生命自身的行为，而不是任何他者的行为。一切生命自身的行为或其行为能力，无不是借由自身在适宜机会之下通过自身行为或练习而获得。他者本事再大，永远是他者的一部分，不为行为者自己所努力，行为和行为能力移植不到行为者身上来。行为者既在宜生的条件下自然而生，当然也具备在这些宜生的机会之下自然而长的能力。这个能力是借助于它与适宜它生长的环境的行为互动而实现的。

有了上述认识，我们就可以说，尊重生命，就是尊重生命有自生、独化之能力。那么，教育就应该更多地去发现和欣赏生命（行为）之自体现、自发展的过程与规律。在了解和熟悉生命（行为）自体现、自发展过程与规律的基础上，促成和助益生命自身的发展；反对并且应该减少人为刻意、简单粗暴地干涉和干预生命进程的作为。

"自生独化"与"助长和责善"

融洽的亲子关系，是每一个有孩子的家庭的梦想，也是每一个孩子的福分。

但在现实生活中，亲子关系，尤其是有学龄阶段孩子的家庭的亲子关系，往往并不理想。我因为在儿童精神科临床的缘故，还看到很多更糟糕甚至相互视为寇仇的情况发生。心理学对现代社会亲子关系恶劣的成因有很多学理性的和实践性的分析，但以我的临床经验来看，助长和责善，害莫大焉。

何谓助长？溯本求源，可以揣摩其方。它出自《孟子·公孙丑上》，谈及养"浩然之气"时的一段话："必有事焉而勿正，心勿忘，勿助长也，无若宋人然。宋人有悯其苗之不长而揠之者，芒芒然归，谓其人曰：'今日病矣！予助苗长矣。'其子趋而往视之，苗则槁矣。天下之不助苗长者寡矣！以为无益而舍之者，不耘苗者也；助之长者，揠苗者也，非徒无益而又害之。"

岂徒养气不能助长，养子尤是。要想从根本上阐明养子的助长之害，还真不是一件容易的事情。它涉及生命发展观。在本章的开始，我们已有较详细地阐述。下面，我们谈谈在现实生活中助长的行为及其危害。

在临床中的助长行为花样繁多，概括而言，大致有两类，第一类是问责式助长；第二类是包庇式助长。第一类因为爱而恨其不能；第二类则因为爱而恐其不能。恨其不能者，等不得其成长，也没有心思去创造成长所需要的条件，必欲揠之而后快。恐其不能者，则不给予孩子成长发展的机会，必欲包办代替而后快。两者虽然表现迥异，但究其失则为一：都因爱而智昏（失其明），智昏则行不善，行不善则害无穷。前者容易亲子成仇，孩子离家出走或者自暴自弃甚至自伤自杀；后者则培养成所谓"巨婴"。

何为责善？也要溯本求源。它出自《孟子·离娄上》。公孙丑曰："君子之不教子，何也？"孟子曰："势不行也。教者必以正；以正不行，继之以怒；继之以怒，则反夷矣。父子相夷，则恶也。古者易子而教之。父子之间不责善，责善则离，离则不祥莫大焉。"

责善，朋友之道也。即使朋友之间，"责善"也是"数，则辱矣"。提个醒、敲个警钟、示怒一下也就罢了，怎么可以不依不饶，嗡嗡嘤嘤，数叨个没完没了呢？亲子不责善，责善则离。离则害莫大焉。其实，责善从家长这一方，多数属于问责式助长这一类。助长之心太切，责善之行必著。责善太过甚至情绪化处理，则自己亦行为失正，己不正，焉可正人。于是出现相互责善，相互责善则相互背离。其害如何不大？！

揠苗不可以，不耘苗可以吗？也不可以。不耘苗不至于像揠苗那样反害于苗，但任其荒草杂生而不耘不养，那就是心忘。孟子也是反对的。我们既不能助长，也不能心忘。不忘于心，则可以参生命化育，给生命滋养，让生命自发茁壮成长。其实，这个过程就是以孺子为师的过程，而不是师教孺子的过程。

亲子之间，如能做到"不忘于心，又莫助长、莫责善"，临床上就会少一大堆的令人头痛的咨询了！

助长和责善，我认为就在于一己之"私爱"高过了生命的独立和尊严，把"爱"从欣赏和参与变成要求和控制。其根本就在于把孩子作为自己的私有、延伸或附属，而完全没有生命"自生、独化"的观照。人与人的关系越是亲密，越是容易在这个浅显明白的道理上栽跟头。我把这种亲子之间关系本来应该浅显明白的，继而变得晦暗不明，终而又变得浅显明白的过程，吟成一首小诗。诗后有小记，略做解释。但不提供解读，解读在每位读者自己。

延伸阅读：论亲子关系

君不以有为，
彼方得自化。
彼者君所系，
何得可不为？
系之愈加深，
所为欲加烈。
彼且逃不及，
自化更无暇。
只道吾所生，
不知已不同。

> 终待不顾及，
> 君彼始得正。
> 君行君之道，
> 彼走彼之桥。
> 相忘偶相遇，
> 相遇以惊喜。

有读友，名毛奇浩者，对我的小诗作了更为浅近的翻译，我很喜欢。摘录在这里，供大家赏析。

> 你不要总想着要做点啥
> 这样他才能自己得造化
> 他是你心中所有的牵挂
> 怎么能不去做点什么呢
> 心中牵挂所系越是深厚
> 你就越想施加强烈作为
> 他都是在想怎么逃避你
> 反耽误他自我领悟学习
> 你只想着他就是我生的
> 不知道你他早已不相同
> 最后等到你顾及不上他
> 互相才开始有正常相处
> 你好好走自己人生大路
> 他有他的通关过险大桥
> 平时别惦记偶尔会相遇
> 相遇会发现彼此的惊喜

论生命的韧性

我们说，生命在宜生的环境里自生、独化，这个宜生的环境实际上是变化不居的，从适宜生命的最理想的条件和状态，到威胁生命延续的条件和状态。这样的条件和状态需要生命有一定的韧性，同时也锻造了这种韧性。我们甚至可以说，离开生命的韧性，生命自生、独化就没有可能。

那么，生命的韧性是什么呢？

生命的韧性，不是一个东西，是和环境不可分的一种能力或状态。生命不止，生命的韧性就没有完成时。如果我们非得描述这样一种能力或状态，我们可以把生命韧性理解为一种适应生存、适应环境的行为储备。这种储备总的特征是借助已有，开发未有；借助已能，开发不能。未有转变为已有越多，不能转变为已能越多，那么，生命的韧性就越充分、强大。所以，生命的韧性是一个有待表现、正在表现和已经表现的能力和状态、是借助于生命本身的行为去表现的。生命没有停止，它就没有完结。它虽然不是一个东西，但它的确是一种自明的存在。

进一步描述这种状态，它具有以下几个特征。

1. 它与环境是相互绑定的，环境中的生存需要它，而它又是在生存的环境中塑造和储备的。只要环境不极端到威胁生命当下的存续，它就不断在表现和储备自己。
2. 它与环境的这种绑定和相互成就，是借助于生命体自身的行为完成和实现的。离开生命体的行为，环境和生命的韧性这两者都无从体现。
3. 对于能思考的生命体（有言语行为能力）而言，对生命体本身的反观自照，会拓展生命韧性，也有可能加速生命的消亡：为意义而活，或者为意义（或无意义）而死。

对生命韧性的体认，也促使我们这些为人父母者、孩子的教育者或者社会的管理者，不要把孩子看成是一个弱小无能、无时不需要呵护关照的无能儿。出于一己之私的爱的过度保护，如同出于一己之私的爱的助长和责善一样，是对自生、独化的生命体的不尊重。

对生命韧性的体认，还让我们能够接纳自己在管理和教育孩子上的不完善甚至偶尔的不恰当或者错误。生命的韧性给了我们（作为生命环境中的一部分）改正自身错误的机会和实践的可能。我们不需要为一时的失言、失手、失信、失败自责一辈子；我们需要的仅仅是借助孩子反思这些问题，并力图做得更好。在当代心理学和有关亲子关系和家庭关系的研究中，过分强调原生家庭原罪的倾向也是对生命自身价值和尊严的不自信或不相信。

生命有足够的韧性完成其自身的生长和化育；生命也有足够的韧性使得我们反思、发现并完善和修补我们作为环境的不足的一面。我们需要的是，在实际的互动中，去体验它们、去探索它们、去成就它们和我们自己。

在这里，有必要更进一步引申。我们在生活中，会遭遇各种不可回避的困难、苦难甚至灾难。对生命韧性的体认可以让我们自己乐观豁达起来，而不是背负着沉甸甸的包袱。尤其当我们自己感觉，是在为了他人（家人或者孩子）而背负这个包袱的时候！

譬如，一个自认为是"穷人"的父母，可能会为了孩子的幸福和家庭未来的幸福而苦哈哈地拼命工作，哪怕是以远离孩子或面对孩子时愁眉苦脸为代价。殊不知自己苦哈哈的样态已经是孩子和家人的苦难，不会让他们体会到幸福！

我们需要转变观念，不管多么困苦，为了自己，要活得幸福（这也是个人生命韧性的体现）！贫困不是一时半会能改变的，但当下的幸福，是想到就可以追求的。比如，可以马上去睡个觉，疲累之后的休息就是一种幸福；去陪孩子看看书，如果那是自己对幸福的憧憬；可以下个小馆子，如果当下的大快朵颐能让自己感受到幸福。

在苦难中快乐地追求幸福本身，就能让别人也幸福起来。

苦难，只是境遇，不是不能幸福的理由。幸福在己，如同求仁得仁。

论当下

何谓当下的行动？
当下的行动，
需要一种自我命令。
我命令自己起床，
离开一切舒服的，
可以躺着、坐着的地方。

>   我命令自己来到操场
>   或者健身场。
>   然后，
>   当下的行动，
>   就开始了。
>   它一经启动，
>   便如同坐着或者躺着，
>   带来一切舒服，
>   甚至，还更多……
>
>
>   活在当下，
>   不是延续在惯性中，
>   而是能够命令自己，
>   以及当下行动的力量。

单纯从动机上来说，人人都希望自己是个好人、善人、能人、有用的人、智慧的人、有知识的人、被人尊重的人、受人仰望的人，而不是相反的。即使处于相反的状态之中，甚至久处于相反状态之中的人，也不失有这样一种希望。

譬如贪腐之污吏，估计不会希望自己的孩子重复自己的所作所为；譬如窃贼，估计不会传授自己的孩子偷窃的技巧心得；譬如强横无理、暴虐成性的人恐怕不会以自己的孩子模仿自己的行为为乐。自己纵为恶，但仍然希望自己所关心至爱的人为善，说明仍然知善，仍然有向善之期，只是对自己自暴自弃，把希望寄托在自己所关爱挂念的子女身上。这仍然属于孟子所阐发的"仁之端也"之列。

有趣的是，自古各路圣贤都有注重当下，不咎旧恶的劝善之勉。比如，释家有"放下屠刀，立地成佛"，儒家《论语·述而》有："互乡难与言，童子见，门人惑。子曰：与其进也，不与其退也，唯何甚！人洁己以进，与其洁也，不保其往也。"，《孟子·离娄》有："西子蒙不洁，则人皆掩鼻而过之；虽有恶人，斋戒沐浴，则可以祀上帝。"。

更有意思的是，几乎所有贤圣几乎都阐发过道不远人，欲仁斯仁的道理。老子说"吾言甚易知，甚易行"，孔子说"仁远乎哉？我欲仁，斯仁至也"。但是他们又都几乎异口同声地说为仁之不易，譬如老子说"天下莫能知，莫能行"，孔子也说"有能一日用力于仁矣乎？"颜回三月不违仁，已成人间翘楚。道不远人，欲仁斯仁。为什么又鲜有人能一日用力于仁，或者天下莫能知、莫能行呢？

孟子给出了答案：非不能也，是不为也。他还说，挟泰山以超北海，是诚不能也，为长者折枝是不为也，非不能也。徐行后长者，为之悌；疾行先长者为之不悌，"夫徐行者，岂人所不能哉？所不为也！"

回到现实生活中，很多事情，其实不是不当做，也并不是不能做，而只是不去做而已。这才是我们病之所在，病在能为而不为，病在没有当下的行动。

在这方面，孔子的学生子路，倒是给治疗我们的"疾病"提供了榜样："子路有闻，未之能行，唯恐有（又）闻"。你要是真的悟到一个或者受教了一个道理，应该做的，不是去听或者悟更多的道理，而是马上去践行这个道理。

在当下孤独症谱系障碍家长圈里和专业圈子里，我认为患上这个"多闻而寡行"病的人，还真是不少。他们以到处"闻道"为乐，而那些"道"也总是能暂时地愉悦了他们的身心。然而，一旦要脚踏实地地帮助孩子发展和成长，他们似乎又觉得到自己还没有准备好，于是，又开始到处听闻。

譬如"ALSO"理念，我在门诊经常问家长听说过吗，常有家长回答说，听说过。亲自看过"ALSO"理念的文章吗？也有家长回答看过。再问，在家里尝试着实践过吗？还可以问更多，比如，坚持这么做过吗？坚持超过一个星期过吗？一个月呢？一年呢？三年呢？十年呢？但是，越往后越听不到答案了，或者从"在家里尝试着实践过吗"这个问题以后，家长们就开始忸怩，或者顾左右而言他了……

圣贤们都早早认识到闻善而行的困难，我们也不应该对家长、对专业人士求全责备。我们自己何尝不喜"多闻"而实"寡行"呢？！但无论是我们自己还是家长，不能讳"疾"忌医，有"病"就得治啊！

这个方子，就是子路示范给我们的，"子路有闻，未之能行，唯恐又闻"。当下去行，行在当下。闻道斯行，行以求知，以行获知。一日而能如此，我们就是子路，三月而能如此，我们就是颜回。终身而能如此，离圣人就不远了。

人为什么不能当下行动？

父母苦口婆心教育孩子好好学习对他/她未来一生的重要性，孩子置若罔闻，甚至听得讨厌，以至于回避或者逃避父母的叮咛。父亲抽烟喝酒肥胖还高血压，妻子儿女劝他戒烟戒酒适当锻炼身体，他自己也知道应该如此，可依然管不住嘴，甩不开腿。母亲喜欢追剧，虽然也知道陪孩子玩耍、讲故事、写作业才是更有意义的事情，可是自己见孩子就嚷，孩子见自己就烦。于是，一家人"和谐"地延续在他们都认为"不好"的、"应该改变"的生活方式里：孩子拖着作业不做沉溺于游戏不可自拔；父亲抽烟喝酒饮食无度；母亲追剧消磨时光……

对未来的憧憬或恐惧为什么不能转换成当下的行动。那是因为当下的行动，需要当下"乐于动"或"不得不动"的条件或体验。这个使当下"乐于动"或"不得不动"的条件或体验（体验也需要特定的环境安排）就是有效的直接依联或间接依联。只有把对未来的憧憬、恐惧，转变为当下可实际体验的东西，人才会在当下为未来而行动。那些指望说透了未来就足以让人当下行动的想法，多半是天真的自我幻想！

这个转化需要建立有效的直接或间接作用的依联（参考下文打开方便之门的各类举措）。它之所以是有效的，就在于它有当下可实际体验的东西！人们太把未来（目标）当回事，目标对应的是意志。所以，人们要么批评它没有目标，要么批评它缺乏意志。他们不了解，衔接未来目标的不是那个叫作意志的东西，而是当下不得不动的那些依联关系。你为它未来着想就要在当下创造条件，这些条件带给它一些体验，这些体验让它不得不动。

创造这些条件的过程和理论就是表现管理和自我管理。所以，对于普罗大众来说，人更多是靠着管理接近目标的而不是靠所谓的意志！为目标大开行动的方便之门：努力增加当下行动的机会，努力减少行动的负担和痛苦，努力增加不行动可能导致的当下的焦虑和不安，就是表现管理和自我管理的最核心的任务。

做到这些，人就会不断接近目标。他甚至可以忘了意志是个什么东西！

关于如何建立"乐于动"或"不得不动"的有效的直接或间接依联，可以参考"论意志与方便之门"的生活举例。

论意志与方便之门

一谈到意志，我们往往首先想到"意志"的好处：信念坚定，百折不挠，言行一致，不破楼兰誓不还。想到这些好处，我们往往就联想到其"过人"之处，只是少数人、甚至极少数人才拥有的一个品质。正因为不是常人轻易而得的，这种品质就显得尤为可贵。因为可贵、可赞，人人希望自己或自己关心的人拥有它。人人希望得到它，而终究只有少数人甚至极少数人拥有它，这就造成了普罗大众愿望与行动的背离。

当我们说一个人意志坚定，往往指向这个人的两个行为特征：能力行所言（信）、能抵制诱惑。或者说，他当下"动"的能力和控制自己"不动"的能力都很强。譬如眼下为官，对老百姓有利的事情，他能当下行动起来、有担当、不推诿、不扯皮；对违背老百姓利益而对自己有诱惑的事情，他能当下拒绝、抵制。能拿得起不想拿、不愿拿的事情；能放得下不想放、不愿放的事情。始终如一（行为上始终如一，体验上可能已有变化），这个人就是少有的意志品质坚定的人之一了。

诉诸"意志"，管理以及自我管理就方便了。只要被管理者有意志，或者只要我们相信被管理者有意志，就足够了。所以，我们千方百计培养有坚定的意志品格的人，我们时时处处去考验我们相信的人。譬如，减肥这个事情，我们只需要减肥者有足够的意志和检验他是否有足够的意志就够了。他只要有足够的意志，他就能成功减肥而且不负我们的期望。只要他做不到，我们就说他意志不够坚定，也辜负了我们的信任。久而久之，这也成了他对自己的认同。

何谓"方便之门"？方便之门是不诉诸意志品质，而是为意志所为的目标建立行动的方便，即不靠坚强的意志，也能方便实现目标。譬如，减肥是一个意志所为的目标。为了这个目标，不诉诸意志。譬如饿着肚子逛商场我也不随意买快餐和零食；隔着十万八千里我也要到健身房去锻炼；冰箱里塞满冰激凌、炸鸡块、薯条、可乐、土豆饼，我也不打开冰箱。而方便之门是让自己的冰箱里充满健康食品；吃饱了肚子再逛商场；把住所安排在离健身房比较近的地方，或者在家里腾出一块方便健身的地方。

诉诸意志品质，往往会让目标夭折，进而怀疑自己的意志品质；为意志所为的目标打开方便之门，则是实事求是地承认自己的意志未必能那么坚定，而一切从方便行动的角度降低或避免执行意志所附带的痛苦。你实现了目标，却没有那么痛苦。当然，痛苦可以磨炼意志，从这个角度，你行方便之门，便没有锻炼你的意志。若可以没有痛苦或不那么痛苦就可以实现目标，这个意志不要也罢！

所谓前事控制，大多数都是在为当下的行动找到方便之门。当然，你依然可以相信培养坚定意志的力量。只是，在只有极少数人成功的前提下，我衷心地希望你不是大多数之一。

最后提出一个命题——行方便之门，会不会妨碍我们成为那少数的拥有"坚定意志"品质的人呢？亲爱的读者，你怎么看呢？

第二章　ABA 在孤独症领域的应用

知止与守正（上）谈孤独症谱系障碍的教育干预

> 知止而后有定，定而后能静，静而后能安，安而后能虑，虑而后能得。
>
> ——《大学》

孤独症谱系障碍的教育干预是一项长期的挑战。这一挑战因孩子个体能力的不同而不同，也因孩子在不同发展阶段的能力变化而不同；这一挑战也将伴随我们陪伴孩子的始终。正因为面对这一挑战的长期性，家长自身的心态建设就显得非常重要且必要。事实上，从我们所了解的家长们的状态而言，家长们的自身心态，并不必然与孩子的行为能力相关。也就是说，有些行为能力比较落后的孩子，其家长可以有一个相对比较乐观的态度，亲子关系也比较融洽，整个家庭的生活质量并没有因为有一个严重的低功能儿童而受到严重的影响，倒有可能夫妻恩爱，亲子融融，各安其所，共乐其乐。家长们自身的心态建设也并不必然和经济状况相联系，尽管经济是影响家庭生活质量的很重要的一个因素。我们也看到一些富裕家庭里的夫妻彼此埋怨，相互指责，把孩子当作攻击对方的工具。还有的夫妻本身没有什么矛盾和冲突，但由于对孤独症谱系障碍认识不足，全家人为了孩子的短期干预，完全不顾自身条件，盲目尝试各种奇方妙法、灵丹妙药，或陷入自身狭隘而偏执的成见，最终或浪费了家庭财产，或耽误了孩子的时间。以上总总，宁不哀乎？！哀在于不知止。止者，方向也，终极之目标也。也就是说，我们要知道孤独症谱系障碍孩子教育干预的方向和终极目标。没有方向和终极目标，就不免焦虑、躁动、随波逐流。而拥有了方向和终极目标，人就有了定力。有了定力，就能静心处事。能静心处事，就可以随遇而安。能处变安然，才能集思广益，集思广益才能有所收获。

那么孤独症谱系障碍教育干预的方向和终极目标应该是什么？对于这个话题，我们可以反思我们自身，这一辈子所习得的各种（行为）能力，都是在处理和应付着什么？答案是两种需要。

一种是应情应景的现实需要。比如，在孩子两三岁的时候，重要的是会不会开口说话，能说多长的句子，能背多少儿歌、唐诗，能认多少物品和颜色等；四五岁时，重要的是可不可以上幼儿园，是不是能看、听、跟随老师以及和小朋友一起游戏、互动；学龄阶段重要的是学业、认知、作业和考试成绩；中专或大学阶段是职业或专业技能的养成并在毕业后成功就业。然后在普遍预期该结婚的时候交异性朋友、谈婚论嫁，然后是工作、家庭的琐琐碎碎。很多时候，我们在某一个特定阶段花大量时间和精力所习得的某项技能，时过境迁之后，就对我们毫无意义，慷慨扔掉而不觉得可惜，比如我们曾经习得的解决三角函数的数学题的能力。

另一种是一辈子都不过时的终生需要。满足这一类需要的行为技能，我把它总结为三大基础：生存能力（包含自理、自立和独立三个阶段），情绪管理能力和助人能力。不管孩子当下多小，不管未来活到多老，这三大基础的行为技能都不会过时，都会被需要。

我们每个人这一辈子，能力可大可小，可多可少，但我们习得的能力都是为了应对着上述两类需要之一。因此，我们对孤独症谱系障碍孩子的教育干预，又何必弯弯绕绕地搞那么多虚头巴脑的名目？为什么不直接归结到适应这两类需要的一个个行为技能的培养上呢？！正如奥卡姆剃刀原则：可以简单解释的，不要复杂化；可以就近获得的，不要绕远。既然孤独症谱系障碍教育干预是一个长期的挑战，既然应对应情应景的现实需要的行为技能有很多会丢失、弃置，那么很显然在孤独症谱系障碍的教育干预中，应对终生需要的三大基础行为技能的培养就是更加重要、更需要尽早重视的方向和终极目标之一。因此，身为孤独症谱系障碍孩子的家长，如果我们把握了这个方向，树立了这样的终极目标，从孩子两三岁起就开始孜孜以求，教之弗能弗措，行之弗笃弗措，那么家长必得有定，必得能静，必得能安，必得能虑，也终必有所得！

知止与守正（下）谈孤独症谱系障碍的教育干预

> 物有本末，事有终始，知所先后，则近道亦。
>
> ——《大学》

正者，道也。守正，就是坚守正道而不弃。

老子五千言，把"道"说得玄妙精微，但其立意更多还是从体道和道用两个层面。至于守道与行道，还是让人手足无措。《大学》十六字，"物有本末,事有终始,知所先后,则近道亦"则告诉了我们守道和行道的方法论。

"物有本末，事有终始"，时空中的万事万物无不是在发展变化之中。统而言之，就宇宙全体而言，可以说无本无末，无终无始。分而言之，也就是就其中事物之个体而言，则有本有末，有终有始。

宇宙之大全，我们最好是把它悬搁起来，不予置评。但就万事万物之个体，可以区分本末和终始的事件和事物，我们还是可以认识和把握的。认识到事件和事物的本末、终始，就会"知所先后"，然后就近乎把握了"道"。

应用行为分析这门科学的方法论，也是把行为事件放在其所发生的时空背景里，任何单元的行为事件都是在其特定的时空背景里发生。该行为事件既然得以发生，也必然反过来影响它所赖以发生的背景中的人、事与物。所有这一切都是紧密围绕行为事件这样一个具体的、特定的、序贯性的时空焦点。

在行为事件所发生的个体的时空背景里，影响个体（我）当下行为的时空中的因素，无外乎时空中的人、时空中的事、时空中的物以及时空中的我（行为者本身）。因此，以个体（我）的行为为关切对象，那我就要试图找到并分析在我的当下行为发生之前，促成我行为出现的时空中的人、事、物、我等相关条件；同时试图找到并分析在我的当下行为发生之时以及发生之后，对个体（我的）行为发生有影响的那些人、事、物、我诸条件以及因为我实时发生的这个行为而产生了怎样的变化和影响。

这不就是围绕人们所关注的行为，去了解行为事件的本末、终始吗？！知所先后的过程，不就是行为分析的过程吗？如果我们再把这些信息和影响，尽可能客观、量化地重复印证，那不就是围绕行为事件的"道"吗？！

因此，所谓守正，就是不臆测，不妄断，多观察，多了解。尽可能把握事物的来龙去脉，在知所先后的基础上去寻求改变之道。"守正"对从事教育干预的父母们有什么样的指导意义呢？很多，我仅就当下可以想到的几点简要说明一下。

1. 一切给孩子贴标签的行为（譬如固执，愚笨，成瘾，爱发脾气，学了就忘，教不会，不爱学习，不听话……）都可能是臆测、妄断，要避免。
2. 改变孩子，从了解孩子入手；了解孩子从行为的始终入手。学着把孩子的行为放在背景中观察，放在时序中观察，不要停在行为的横断面上妄下结论。
3. 在了解孩子行为始终的基础上，创设促进孩子各种行为能力养成的条件。如果孩子正在发生新的行为能力，要静观其变，不要妄行插入或打断。
4. 经常把自己的行为也放在时序和时空背景下观察和反思，这会有助于提升对孩子行为的敏感性，从而更加有助于自我的成长和孩子的成长。

在生活中教学，在教学中生活

孤独症谱系障碍的特殊性决定了这个话题有着特殊的意义。孤独症谱系障碍到底有哪些特殊性呢？这是我们在对这类孩子进行干预、指导之前，首先应该弄明白的事情。

孤独症谱系障碍儿童的核心问题是"与众不同"而不是"比众落后"。发育的全面落后，是智力障碍（或精神发育迟滞）儿童的核心问题。孤独症谱系障碍儿童在关键性的发育指标和智力发展上未必落后，甚至超常发展的情况也是有的。与众不同，更多是指对社会交往的兴趣和行为模式、玩耍和游戏的方式、语言的发展和运用的方式上，与正常发展儿童不一样。这个不一样如果非常鲜明，分分钟都能表现出来，那就是典型；如果没有那么鲜明，需要长时间、多场合观察才能落实，那就是不典型。但无论典型和不典型，都以与众"不同"而不是"落后"为特征。

"与众不同"而不是"比众落后"其意义何在呢？我想，至少可以从三个方面来论述。

第一，"与众不同"既然是核心问题，就意味着是最难克服的问题之一，这也是我们在孤独症谱系障碍干预中很少提到"治愈"这一说法的根本原因所在。我们可以大力开发孤独症谱系障碍孩子的潜能，大大提升他们参与社会、家庭和个人生活的种种必要之能力，大大改善他们的生活质量，但我们不能说他们因此而"泯然众人"了。他们依然会在兴趣、言语、行为上有很多点、线、面上的与众不同，只是经过干预这些不同已经不再那么鲜明地妨碍他们的社会适应和社会参与，可以最大限度地被周围人接纳或者悦纳。

第二，我们每个人的认知、学业和行为技能的发展潜力，其关键的影响指标是智力或者智能。如果这个孩子在智力上不落后，或者，有不落后之潜能，那么，只要我们干预方式科学、得当，我们就有可能使其在认知、学业和行为技能的学习上取得更大的成就，达到并保持"不落后"的状态。我经常在门诊以及讲座中向家长和专业同行提及，"孤独症谱系障碍儿童所面临的挑战比智力障碍儿童大，但在学业、认知和行为技能方面可挖掘的潜力也是很大的，甚至是不可测其深、不可探其顶的"，这句话就是根据他们在本质上是"与众不同"而不是"比众落后"这个特点。

第三，虽然他们本质上是"与众不同"而不是"比众落后"，但是如果对他们这些"与众不同"之特点不早期识别、认真评估并积极干预的话，这些"不同"的特点会影响到孩子在"自然"情境中学习和发展的机会以及参与程度。也就是说，这些"与众不同"的特点可能使他们不能像正常发展的孩子那样自然地发现和参与各种社会性的学习（比如，亲子互动、师生互动、同伴互动以及与玩具的既具有功能性又具有想象性的互动）。这些看似自然的互动和玩耍中蕴藏着大量的社会性学习和行为练习的机会，正常发展的儿童能捕捉到这些互动且参与其中。孤独症谱系障碍儿童如果缺少必要的引导、辅助和干预，则可能忽视大部分机会，并且也没有参与其中。由于他们在行为兴趣上的不同而造成的后天社会学习上机会的剥夺，久而久之，也会造成孤独症谱系障碍儿童在智力和行为能力上的落后。这也是我们对该类儿童主张早期发现、早期诊断和早期干预的初衷所在。

从上述分析来看，尤其当我们从群体这个角度来看待，对孤独症谱系障碍儿童既不能盲目乐观（认为他们就是与同龄儿童不一样而已，而天底下找不到两个一样的人！要知道他们并不是"天底下没有两片相同的树叶"那样一般的不同而已！），但也完全没有必要消极悲观，所谓精神癌症之类的说法是片面无依据的！

我认为一个比较客观的说法应该是，大多数孩子（2/3左右）经过合理的帮助和干预可以实现独立生活；一部分孩子可以完成与同龄人一样的学业和工作目标；一部分孩子可以在家人或社会组织的辅助和照护下实现自理和自立的生活目标。但是，绝大多数孩子仍然会保留一些与众不同的待人接物的方式和行为特点，只是这些不同不再对他人造成干扰、不再对自身的发展造成障碍。

如果孤独症谱系障碍儿童没有得到及时的评估、帮助和干预，他们的发展机会和参与这些机会的行为就不能像普通儿童那样如期发生，由此会影响他们后天的发展和行为能力的建设；又因为孤独症谱系障碍儿童本质上不是智力障碍（确实合并智力障碍的少数孩子除外），只要给他们提供了这种发展和行为建设的机会并帮助他们参与其中，那么孤独症谱系障儿童的发展进步就必然是可期的。从在无数机构和家庭中训练的孩子的实践结果来看，也是如此！

因此，在孩子行为能力发展的早期阶段（0～14岁）帮助孩子，创造各种预期行为能力的发展机会并辅助他以预期的行为切实参与到发展机会中来就变得至关重要了。这也是我所要强调的"在教学中生活，在生活中教学"的来由！

下面，容我展开来阐述"在生活中教学，在教学中生活"的内涵。这里面有两个关键词，一个是生活，一个是教学。我们先分别谈谈生活和教学吧。 何为生活？恐怕有千人千面的回答。但不管你给予什么样的回答，生活首先是一个活生生的人的生活，也就是人这样一个特殊生命体的生活。生活是生命的体现，也是依附于生命本身的。离开了生命谈生活，生活就虚无所指了。 生命对个体而言，只有一次，不可以重启。也就是自降生的那一刻开始，生命唯一的归途，就是终结。从降生到死亡，也不是无限的长，按照人均寿命计算，大概是70多年，按照对个体祝福的算法，也不过是百年。它只有一次，且不可以重启，因此，可以说，从一出生开始，我们差不多都是以倒计时的形态活在这个世界上的。 还没有出生的时候（准确地说，应该是父母的生殖细胞还没有相遇的时候），我们可以说拥有无限的时间（但既然没有出生，那段时间对于我们也毫无意义），一旦出生（或者按准确的说法，父母生殖细胞一相遇），就相当于按下了生命的计时器，分分秒秒，不停歇了！ 我为什么要在这里大费周章，算一算时间呢？这是因为，对个体而言，生命就是从诞生的那分分秒秒开始了，它既是有限的，又是不可以重复的。你可以重复地做一件事情，但这每一件重复的事情所标示的你的生命的时间坐标却是不同的。你也可以在这些不同的时间坐标上选择做不同的事情。好玩的事情就来了：你的生命就是这具体的分分秒秒，而分分秒秒对一个已经形成的生命来说，它不虚空，而是以生命体的行为填充的。朱自清好像写过一篇感慨时间（或者生命）在自己行为中溜走的散文，大家可能还有印象吧。这里，我不阐述自我生命的行为和时间问题，我阐述我们可以影响的另一个生命的行为和时间问题。

我举一个在我的诊室里的例子：

一个家长和孩子在我的诊室里就诊。这个孩子3岁多的样子，他从妈妈怀里下来，就从我身后奔向我身边的打印机。妈妈看见，对孩子嚷道："回来，不可以！"孩子置若罔闻，径直走到打印机旁，去摁打印机的电源开关。当我描述到这儿的时候，诸位是否意识到，在场的几位人，作为医生的我，在观察和听闻中度过了生命中的十几秒；作为妈妈，在观察和言语的指导中度过了生命中的十几秒；作为孩子，在跟打印机的互动中度过了生命中的十几秒。对我们而言，这十几秒都是不可能再挽回的了。要是我只是这么平铺直叙地把事情说到这儿戛然而止，恐怕你们会有诸多不解：这怎么样？！生活不就这个样子吗？每一天不就是这么过的吗？诸位莫急躁，让我们回味一下这十几秒，它能否带给我们一些不同的、关于生命和如何生活的意义？

让我们回到十几秒前，妈妈刚刚放下孩子的那一瞬间，如果你看到孩子所看的方向，以及开始接近打印机的行为，马上拉住他，带着问询的眼神看他三秒。如果他没有反应，你问他："你要去哪儿，告诉妈妈？"如果他还没有反应，就接着问他："是要去摸打印机吗？"他如果仍然没有反应，告诉他"指打印机给妈妈看"或者"点点头"，然后辅助孩子指打印机或者点头。然后孩子接近打印机。

在这样的情况下，在场的几位，作为医生的我，作为妈妈的你，以及我们共同观察的那个孩子，我们生命中的那不可能挽回的十几秒钟，就是以不同的姿态和行为度过的。我们不假设、不倒推，还是回到现在：孩子已经到了打印机那里，而且摁了打印机的电源开关。接下来的十几秒或者更长时间，我们又会用什么样的行为形态去打发和度过生命的时光呢？所谓生活，就是生命体以不同样式和姿态的行为去充实他的生命时间。孩子这样的一个生命体，纵然有其自生、自化的生命力之体现，但要知道，第一，他借以活下去和适应社会以及环境的行为能力还没有很好地形成（用行为学的术语，就是还没有那么多可以利用的行为库存）；第二，父母、老师和孩子周围已经能很好地适应社会和环境的他者，这些人正是这个孩子自生、自化所需要借助的力量。在孩子的行为库存接近零的时候，孩子的生命时间无不由密切相关的他者的教育和辅助来充实。这个时候，我们一举手、一投足、一断喝、一嘤咛，无不在改变着孩子和我们自己的生命轨迹（行为轨迹）。作为家长，或者孩子的教育者，能不对此慎重吗？！这大概就是在生活中教育的意义所在吧。我们不仅仅是在生活，还把生活活成了成长和教育。

对于广大家长来说，在教育中生活又有什么样的意涵呢？教育从其较狭窄的概念出发，一般是指在学校这一类场所发生的教与学的活动。这些活动有一个相对统一的特点，那就是规划性。在教育中生活，借鉴的就是教育的规划性。我们不仅仅是随机、随意地生活，被问题追赶着地生活。我们还需要有规划地生活，带着教育味道地生活。对于孤独症谱系障碍儿童而言，我们要在生活中有意识地、系统地规划他们以下几种行为能力的培养：

第一类行为能力：生存能力，也就是从自理到自立再到独立三个阶段系统地培养和过渡。

第二类行为能力：情绪管理和控制能力，也就是任何时候，任何场合不以自伤、攻击他人、破坏财物等行为来表达情绪、挫折或者不满。

第三类行为能力：助人能力，也就是能够识别周围与自己密切相关的人求助的信号，并用相应的行为回应这些求助信号。

第四类行为能力：控制冲动行为的能力，以避免自己陷入危险境地。

为什么这四大能力需要以这样的意识，而且有目的、有规划、尽早地在孩子生命的较早阶段来培养完成呢？因为只有具有这些能力的孩子才能让家长省心、放心，家长最终得到解放。让自己省心的孩子，其他人接手也不会头痛；让自己放心的孩子，其他人更愿意帮助；让自己得解放的孩子，更有机会接触社会。让自己省心，孩子需要自理和情绪管理；让自己放心，孩子需要自立和安全管理；让自己解放，孩子需要独立和助人能力。这四类能力一日不立，一日不敢歇息；一朝建立，终身受益。

孤独症谱系障碍教育干预之纲领

对孤独症谱系障碍的干预，可以说是五花八门。从大的方向来讲，有医疗干预（如脑外科手术、干细胞移植、各种神经营养和补充治疗、各种免疫和禁食治疗、各种中医药和针灸治疗等），有各种半医疗的辅助和替代治疗（如食疗、补充维生素和微量元素），有各种物理治疗和能量治疗（如经颅磁刺激治疗、脑电反馈治疗、推拿按摩等），有各种动物辅助治疗（如狗疗、骑马治疗、海豚治疗等），有各种文化治疗和信念治疗（如国学、走练、军事化管理等），还有泛滥于国内的感觉统合和听觉统合治疗。

上述治疗不一而足，都是人为任设一个假说（有的听起来合理、打动人心；有的听着就很盲目、盲信、不靠谱），然后鼓吹这个治疗和这个假说的契合。假说不真，治疗也就不靠谱了。跟通过有效治疗反推出来的假说（如精神分裂症、抑郁症等疾病的病理机制假说）对治疗的影响是完全不同的。

任设指的是完全没有任何实证依据或者仅有有限且有明显缺陷的证据就提出各种可能性的理论和设想。思想是自由的，你可以胡思乱想。但干预是严谨的，你不可以胡作乱为。

我们可以以两种实在并且可行的套路面对孤独症谱系障碍；一个是研究的套路，另一个是服务的套路。

首先说说研究的套路。

研究的套路面向未来、面向可能性。可以任设假说，任用手段（当然是在符合研究伦理基础之上的任意；也是在广泛阅读前人文献基础之上的任意），可以通过研究验证假说或者手段的有效性，而不必先行要求其假说为真或者手段有效。

这种情况下患者不是我们服务的对象，而是研究的受试对象（被试）。我们的目的不是提供服务给患者，而是征集被试信息验证我们的假说。该套路必须依循严格的伦理要求，通过严格的伦理审查。既然不是服务，研究性的套路就不能向患者收费，甚至要给患者和家属一定的交通餐食补贴和误工补贴。要实事求是地向患者和家属交代研究的目的、可能的风险和收益、研究流程等相关事宜，并获得患者和家属的理解和同意（知情同意）。

再说说服务的套路。

服务的套路面向过去、面向既定性。我们向患者和家属提供的一切干预方法和方案都应当是从过去一直到目前为止都被证明切实有效、被重复验证的方法和手段。切实有效意味着不能只看是否有研究文献支持，而是要考量是否有足够多的文献支持，支持的文献其方法和路径是否足够严谨，说服力是否足够强大。要只看单篇文献支持或者有几篇文献支持就说有效，那么前述各种五花八门的干预都可以得到有效的结果。推而广之，岂不祸害无穷？

这种情况下患者就是我们服务的对象。我们以行之有效的专业手段和专业方法服务于我们的患者。结合起来可以说，我们应该以研究的态度（套路）去追新，从实证的角度（套路）去服务。

对于广大患者和家长来说，有必要厘清自己到底是一个被服务的对象还是一个被试验的对象。要警惕以服务为名坐研究之实；更要警惕那些研究的早产儿（仅通过单个研究，或者少数研究，再或者有很多瑕疵的研究证明某个方法或者手段有效）过早地被包装成有"实证依据"的技术、方法和手段从而过早地市场化、服务化。

在做了上述必要的铺垫之后，就言归正传谈谈孤独症谱系障碍的教育干预纲领这个话题。这里所指的教育不是批评教育，而是教养化育的意思，也就是如何与孤独症谱系障碍儿童一起成长以及面对其成长中出现的挑战问题。纲与领，是两件事情：纲为主绳、主线；领是关键、枢纽。撒网打鱼，要纲举目张；穿衣服要揪住领子。教养化育孤独症谱系障碍儿童也同样需要举纲张目，抓住关键。

纲和领就是接下来要重点阐述的孤独症谱系障碍教育干预之"一、二、三、四"。

一个根本点

什么才是孤独症谱系障碍教育干预之根本点？或者说，我们对孤独症谱系障碍教育干预，以什么为立足点？我们的起点是什么，终点是什么？通过什么来衡量我们教育干预的好坏？

我们的孩子被诊断之后，家长们就急匆匆地开始了对孩子的教育干预历程，可是很少有人真正认真思考这些问题，而这些问题又是根本问题。置根本于不顾，干预就必然带有盲目性和偶然性。

我们对孤独症谱系障碍的教育干预应该始终聚焦于行为：起于行为评估，终于行为改变。行为改变是唯一可靠的衡量干预措施是否有效的标准。这就是我们对根本问题的答案。

有些人总是看轻了行为而喜欢钻到行为背后言说自己其实并不能明了和洞悉的内容，比如情感、思想动机和意志品质等。殊不知，第一，这些都是某些具体行为的标签而已，脱离具体行为，人的情感、思想和意志就无可言说；第二，它们不仅不能脱离具体行为，而且像具体行为一样，不能脱离具体情境。谈情感一定要联系该情感出现的背景才能得到理解、才能言之有物。谈思想动机、谈意志品质也无一例外。

所以，就算是那些动辄谈情感、思想动机和意志品质之类话语的人，他们所谈的，如果要想让自己明白、让别人理解，也必须借助于描述行为的途径，也就是结合特定的情境（时、地、人、事）来言说；也必须借助于该情境下某人的具体行为来言说。离开行为，他们就根本钻不到行为背后；离开背景，他们的言说就空无所指。

聚焦于行为，始于行为评估，终于行为改变，始终认为行为改变为唯一可靠的衡量标准。行为之变化无非两种趋势：从无到有、从少到多以及从多到少、从少到无。前者的变化我们称之为表现行为的培养过程：对于在特定情境下我们希望孩子表现出来的行为能力，如果我们的孩子当下还没有出现，还不能表现，我们就希望它能从无到有，从少到多；后者的变化我们称之为抑制或者控制行为的培养过程：对于在特定情境下我们希望孩子能够控制自己不为或者不表现某些行为但孩子却控制不住，实际已经表现出的行为，我们就希望它从多到少，从少到无。

在任何一个特定的情境中都有一些符合该情境的行为需要得到表现，如果表现出这些行为就会受到社会的强化；同时也有一些行为特别不适合在该情境下出现，如果不能很好地控制自己，行为者或者该行为者的管理者（照护者）就会受到社会的异样关注甚至惩罚。这样的结果会导致管者或者旁观者去制止和纠正行为者的行为。

我们一生实际上都在学习这样两种行为技能：在特定场合和情境下表现出某种适合该情境的行为能力以及控制自己不表现与该情境特别不适应的某些行为的能力。我把这两种能力分别称之为表现能力和抑制（控制）能力。这两种能力分别由不能（不能表现、不能控制）到能（能表现、能控制）的变化过程，就是行为的变化过程；这种变化的结果，就是行为技能的改变。对孤独症谱系障碍人士的教育干预实际上就是令其获得尽可能多的、尽可能接近正常人士的适合情境的行为表现能力和行为控制能力。对于孤独症谱系障碍人士而言，他们要尽可能扩大与正常人士在同样情境下的表现能力和控制能力的行为技能储备。储备越多，他们越接近、实现正常人士可以获得的社会功能，不管我们是否在孤独症谱系障碍上摘了帽。

两个条件（两种途径）

聚焦于行为，始于行为评估（与环境适应的表现行为是否有缺陷，与环境明显不相称的行为是否能控制），终于行为改变。改变体现在从不能（不能表现，不能控制）到能（能表现、能控制）的变化之中。这个变化的过程就是行为从习得到巩固再到储备的行为技能获得的过程。

行为技能是如何获得的呢？是如何从习得到巩固再到储备的变化的呢？发生这些变化的条件和途径是什么？

任何行为技能（无论是表现能力还是控制能力）的获得（无论是在习得还是巩固还是储备的哪个阶段）都离不开两个条件（或者路径）：机会和练习。

所谓机会就是自然发生的或者人为创造的、适合某些特定行为技能出现的环境设置或者背景人事（表现行为的能力），或者自然发生的或者人为创造的、需要控制某些行为的环境设置或者背景人事（控制行为的能力）。这两者可以是同一个情境，也可以是独立不相关的背景。

在同一个情境下比如，一个孩子看到另外一个孩子手里有自己喜欢的玩具，他接近这个孩子并从这个孩子手中抢夺他喜欢的这个玩具。从表现能力上，我们看到这个孩子的缺陷行为，我们希望他能跟小朋友商量，"能借我玩一会吗？"从控制能力上，我们看到他在该场合不能适当控制自己抢夺的行为。

独立不相关的情境比如，我们对一个孩子说"帮妈妈递个毛巾"。如果这个孩子无动于衷、如未听闻，就是仅仅表现出对表现能力的行为缺乏（他可以递毛巾给我们，也可以说话拒绝我们，像"你自己拿"或者"我没工夫"，也可以边答应我们"好的，稍等"，边给我们递过来），但他没有什么需要控制不发的行为呈现出来。

如果没有行为出现的机会（自然的或者人为设置的环境或者背景），任何行为出现都显得突兀或者没有意义；同时，出现特定行为的可能性也最低。所以，离开行为的机会，行为要么没有意义，要么没有可能。但只有行为发生的机会，却没有行为者的行为参与，行为技能依然不能习得，更没有巩固和储备的可能。为孩子创设行为（表现能力和控制能力）的机会固然重要，但比机会更能让孩子从不能（不能表现、不能控制）变为能（能表现、能控制）的却是在该机会之下孩子的行为练习。

以上文为例创设一个锻炼孩子帮助别人的机会：把毛巾放在孩子触手可及的地方，然后发出求助邀请"帮妈妈递个毛巾"，这就给孩子表现出助人的行为一个机会。但是只有这样的机会或者这样的机会再重复几十次、几百次，如果孩子没有实实在在地把毛巾递到我们手上的行为（即行为练习），一切也只是个零。

所以，我们除了提供行为表现的机会，更重要的是要帮助孩子出现该行为，即帮助他练习该行为。但目前这个行为是缺失的，它不可能因我们心里有期望而发生，也不大可能通过我们多次重复机会而发生。要想从无到有，我们就必须给予辅助。比如，爸爸出面，手把手帮助孩子实现在该机会之下帮助妈妈递毛巾的这样一次行为练习（行为参与）。在随后类似的机会和练习中，爸爸对孩子的辅助就可以逐渐地撤出，直到孩子能够独立自主地对我们求助的信号做出行为的回应。这个时候，孩子已经暂时习得了在该情境下帮助我们的这个行为技能（表现能力），但还未巩固。比如，过几个小时或者一两天，在创设类似机会的情况下，孩子不能马上如我们预期地行动，可能仍然需要爸爸或者他人的提醒和辅助。如果经过检验，他已经巩固获得了该项技能，该项技能也未必就已经变成了储备在他身上的技能（要求在任何时候、任何场合出现类似情境或者背景下，孩子都能如预期地出现恰当的行为表现）。要想让一个暂时巩固的行为技能变成储备在他身上的行为技能、在任何需要的场合都能及时适当地表现出来，也仍然还是依靠给予机会以及在该机会之下的练习，而没有其他途径。

一个行为从无到有，从暂时习得到暂时巩固，从暂时巩固再到永久储备，走完这几个阶段，这个行为才变成了某个人的行为库存。而在每一个阶段中，我们的孩子都需要若干不等的机会和练习才能实现。仅此一法，别无捷径。不管能力高低，也都是仅此一法，别无捷径。唯一可能在孩子们身上不同的或者因孩子能力而不同的，是实现每个阶段的过渡所需要的机会和练习次数上的不同：进步快的孩子，也许在每个阶段只需几次练习就能获得；进步慢的孩子，也许需要几十次甚至上百次的机会和练习才能走到下一步。但值得注意的是，我们不能够要求孩子一次或者一天完成他所需要的过渡次数。无论进步快慢，我们在每一个行为技能上每天给孩子十几次最多不超过二十次机会和练习也就足够了。对于还需要更多机会的孩子，可以来日再创造机会和辅助练习。千万不要停留在一个项目上把孩子练习到烦恼为止。

从当下对孤独症谱系障碍人士的干预现状来看，我认为不是这些孩子得到的机会不够，而是对机会的把握和练习不够。所以无论是孤独症谱系障碍人士的家长还是专业的老师，我们都应该更加强调让孩子以自身的行为参与到每一次可能的机会上来，做到既重视提供机会的数量和质量，更重视机会之下行为回应的效率（有效行为回应次数／机会的总量）。这样两者结合，孩子行为的变化才越发可期，行为技能的最终获得才能够实现。

表现能力的获得需要机会和练习，此理对控制（抑制）能力的获得也同样有效和必要。要想让孩子在特定环境下不表现某些行为（从不能控制到能控制），也需要提供需要控制这些行为的机会（就是孩子不能抑制地表现出那些不符合场合要求的行为的场合和时机）。既然孩子当下是不能控制（抑制），那么就需要管理者对孩子进行适当辅助从而获得控制能力。

只是这个辅助不是帮助他去表现，而是帮助他去克制这些行为，使这些行为在该场合下不表达。

辅助的力量应该是帮助孩子控制某些行为所需要的最小力量。不可以过大（大于孩子控制自己所需要的力量就叫作惩罚）；也不可过小（小于孩子控制自己所需要的力量就叫作拉扯）。惩罚和拉扯都无助于孩子控制自己，反而有很多的副作用。

如果通过这样的机会和练习，孩子最终不需要任何额外的辅助自己也能在该场合下不表现（表达）这些行为，那么说明孩子暂时习得了该行为（在该特定场合下）的控制能力；但孩子还需要同样类似的机会和练习，才能巩固这种能力，才能真正储备这种行为控制技能。孩子的自控能力得到发展，表现在情绪上就是孩子实现了情绪的自我管理。

三大基础

行为是一切教育干预的聚焦点、起始点和终结点，行为改变是衡量一切干预的唯一可靠标准。任何人（包括孤独症谱系障碍人士）终其一生都在习得表现能力和控制能力这两种行为技能。而针对孤独症谱系障碍人士的教育干预就是扩大他们与正常人士可以共享的行为技能。在特定的环境和背景下与正常人士共享的行为技能储备越多，孤独症谱系障碍人士的社会功能就越接近正常人士。

我们也要认识到，即使正常人也存在"吾生也有涯而知也无涯，以有涯追无涯，怠而已也"的悖论。也就是说，正常人尚且不能一辈子穷于学习"五行八作"而没有时间学以效用，学以持生。这样做，无异于荒殆自己的生命。一辈子学而无所用、学不能致用，这样的人生也终究毫无意义可言。所以学习新的行为技能，即使对正常人士也并不是越多越好，而是要有所学、有所不学，要学以致用、要以用促学。

对于生命并不比正常人士更长，而天生还带着很多学习和适应障碍的孤独症谱系障碍人士，在学习新的技能上意识到这个悖论就显得更为迫切了。对于孤独症谱系障碍人士而言，由于时间相对更为紧迫，就迫使他们更要采取有所学、有所不学的学习态度，要更加地学以致用和以用促学。

但在林林总总的行为技能面前，我们到底取何者、舍谁家呢？哪些行为技能才是用之基础、用之必须的呢？关于这个话题，可以用一句话来概括：那些掌握之后一辈子都会有机会用到且恒不过时的行为技能是用之基础和用之必须。

这涉及三类最基础的行为技能，需要家长尽早注意。

最基础的生活和生存能力：从生活自理到生活自立再到独立生活。针对这个领域的阐述，大家可以参考 ALSO 理念的各篇文章。

最基础的遵守社会规则（不扰人）的能力：我特别强调的是，要在孩子的生命早期阶段（0 到 14 岁）培养孩子情绪的自我管理和控制能力。如果我们的孩子在面临各种挫折、挑战或不能即刻满足的情况下能够保持良好的情绪管理和控制能力，那么即使他有这样、那样暂时还不太熟悉或者不能适应规则的行为问题，我们也会有较从容的时间和态度让他得到学习和锻炼。如果孩子动不动就伤人、毁物或者自伤，对我们以及孩子周围的人的干扰无疑最大。所以，最基础的遵守社会规则的能力应该是与情绪的管理和控制息息相关的一种能力。从这个角度，我们也可以将最基础的遵守社会规则的能力描述为遵守这样一个规则：任何时候、任何场合都不能用自伤（指向自己的攻击行为）、攻击（指向他人的攻击行为）和破坏（指向破坏财务的行为）来表达挫折、不满和情绪。

如果孩子通过在生命早期阶段的培养和锻炼习得了上述规则，也就实现了情绪的自我管理和控制，而由此也就拥有了最基础的做到不扰人（遵守最基础的社会规则）的能力。

但很显然，我们的孩子目前还没掌握这个行为技能（情绪的自我管理和控制），但也正是这样，我们要提供条件和机会帮助他习得这个能力。我们要借由辅助（因为他还不能）帮助他习得（辅助淡出）控制和管理。

最基础的社交技能：社交技能与社交规则一样，是我们根本不可能全部地教给我们的孩子的（即使他不是孤独症孩子，恐怕我们也无力完成这样的任务）。什么都想教往往意味着最后什么都没有教。所以，我们要从孩子最基础的社交技能开始。

那么，什么才是最基础的社交技能呢？如同最基础的社交规则一样，我定义最基础的社交技能为：对与他密切生活相关的人求助的信号敏感并以相应的行为来回应这些信号。

0 到 14 岁是培养孩子这三大基础行为技能的黄金时期，当然这个时期也是为孩子的学业和认知技能奠定基础的黄金时期。差不多孩子小学毕业的前后这段时期里，我们应该力求孩子获得"四证"：小学毕业证（由学校完成其学业和认知技能的培养并颁发证书）、自立证（由家长完成其自理、自立阶段生存技能的培养并颁发证书）、助人证（家人在日常生活中给孩子提供机会帮助其练习助人的能力，证书由家人颁发）和情绪管理证（能够实现最基础的不扰人的能力并由家长颁发）。如果我们的孩子获得这四证，那么不管未来他能不能继续他的学业深造（能上初中、高中甚至大学），我们都可以帮助其成为一个活得体面、有价值、能助益他人和社会的独立的自食其力的劳动者。

如果只是片面追求学业和认知的发展，而在自立、助人和情绪管理上一概忽视，那么到 14 岁左右，很可能学业和认知也并不能支撑孩子继续深造，而且还伴随着不能自理、自立，以及一堆自伤、破坏甚至攻击的情绪行为问题，此时才是我们梦魇的开始，还常常有回天乏力之感。

让孩子在 14 岁左右拿到"四证"等于我们为孩子的未来织就了一张锦，孩子即使过不上锦上添花的生活，也至少能过上锦绣的生活。所以，三大基础行为技能的培养和建设应该趁早、趁小。

四个领域的拓展

在完善和巩固三大基础行为技能的基础上，我们就可以追求拓展性行为技能的发展了，往哪些领域拓展他们的行为技能呢？往 ALSO 四个领域：

学业和认知技能（A）：我们孩子的智力和后天学习的造化能发展到什么程度，就尽量支持孩子学习到什么程度；能最大限度地跟随到哪一个阶段，就尽最大可能支撑他到哪个阶段。比如，他能实现小学毕业，我们就努力到小学毕业；能实现初中毕业，我们就努力让他顺利读完初中；他完成的学业阶段越高，我们越开心并始终支持。

生存和生命技能（L）：虽然我们把生存和生命技能作为基础的行为技能去培养和完备，但在习得这些基础的技能后，我们仍有无尽的空间去进一步发展和精进这些技能。比如做饭的技能，最基础的要求是能够为自己、为家人做饭就够了；但更高的要求，可以是作为一种基本的职业厨师的要求，甚至达到更高级别厨师的要求。

社交规则和社交技能（S）：在完备最基础的情绪管理和最基础的助人能力之外，我们可以进一步追求更多地识别和遵守其他更细致化的社会规则和社交规则的能力以及社会沟通和社交能力。

职业化技能和专业化技能（O）：最基础的是保证最低限度的职业技能的能力，在此基础上可以追求更多职业技能或者专业技能的发展或者进一步精细化原有的职业技能和专业技能。

在教养化育孤独症谱系障碍人士的过程中，管理者（照护者）如果能够时刻并始终以本文中纲领性的"一、二、三、四"为参照，不断反思、精进，那么，即使我们对于专业技术、专业理论和专业素养上还有很多瑕疵和不足，也不会在方向上跑偏或者带歪了我们的孩子，而只要朝着正确的方向前进，我们在专业（比如 ABA）上的修为就有一生的时间去学习和实践，不必急慌慌只学不练或忙于充电而不用电。

孤独症儿童社会与沟通能力训练

社会和语言/非语言的沟通缺陷是孤独症谱系障碍儿童的两大核心缺陷，也是几乎所有家长关注并头痛的难题。如何培养孩子的社会性，教会孩子社会可接受的语言或非语言的沟通表达能力并灵活应用，是教育的重点和难点。

培养孩子社会性以及语言或非语言沟通能力，是发展实用途径以及行为途径中 ABA 随机教学（Incidental Teaching）的核心内容。无论是发展途径还是行为途径，都强调如下关键成分。

创造有需求的情境

认知或者发展途径特别强调儿童的交往动机、交往意愿（意向）。在行为途径下，ABA 随机教学中则提到创造有需求的情境与机会。这两者实际上是名异形同或者是异曲同工的。ABA 随机教学或者自然情境下的教学强调在日常生活中发现甚至主动地创造可利用的沟通机会或者情境，并且强调借用自然强化物来强化预期的沟通行为。

先来看看如何创造自然情境下的沟通机会（或者沟通动机）：

1. 在他的面前吃他最喜欢的食物但不给他。
2. 激活一个玩具的玩法，终止后递给孩子。比如，把小风扇的开关打开，孩子感兴趣地跑过来，这时你就关掉开关再把风扇给孩子，等他要求你教他怎么让风扇再转起来。
3. 给孩子四块积木依次放进盒子里，并紧接着给他一个小动物模型放入盒子里。
4. 与孩子一起看书或者杂志。
5. 打开泡泡盒，吹泡泡然后关闭并拧紧泡泡盒，再递给孩子。
6. 开始一个熟悉的社会性游戏，直到孩子表现出高兴的样子，然后停止游戏并等待。
7. 吹气球，之后慢慢让气球撒气，然后把撒了气的气球给孩子或放在自己的嘴边并等待。
8. 给孩子一个他不喜欢的玩具或食物。
9. 把孩子喜欢的某个食物放到一个透明但孩子打不开的容器里，然后把这个容器放到孩子面前。
10. 把孩子的手放到一个冷的、湿的或黏糊糊的物体上（比如糨糊等）。
11. 滚一个球到孩子那儿，孩子把球滚回来这样来回滚三次之后，立即滚一个不同的玩具到孩子那儿。
12. 引导孩子做拼图，当孩子拼好三张以后，给他一张不合适的图片。
13. 与孩子一起从事一项活动，该活动材料含某种特别容易倾洒的物质，突然在孩子面前倾洒它并等待。

14. 把一个可发声的玩具装到一个不透明的袋子里，摇晃袋子，把袋子举高并等待。
15. 给孩子一些他喜欢玩的游戏的材料，但保留一项他完成该活动所必需的工具，使他不能得到并等待。
16. 给孩子一些他喜欢玩的游戏的材料，但请第三个人拿走一项他完成该活动所必需的工具，到房间的另一端并等待。
17. 对一个游戏中的玩具说"再见"并拿走，重复三遍后，第四次只拿走玩具并等待。
18. 把一个玩具狗熊从桌子底下拿出来并向孩子打招呼。重复三遍后，第四次只拿出来毛绒玩具，不打招呼并等待。

以上述第一个机会为例，在孩子面前吃他喜欢的食物，但就是不给他。在这样的情境下，会发生什么呢？孩子会不会注意你？接近你？会不会用他惯用的方式试图得到这个食物？他惯用的方式是什么？你可以说孩子有了沟通的动机，也可以说，你看到孩子有了接近你并试图得到食物的行为。

关键是，这个时候不马上满足孩子。

看到自己想吃的东西在别人手里或者嘴里而得不到，这样一个环境背景下可能会有很多种行为表现，可能视家长如无物地去够这个食物；可能会拽、拉家长的胳膊，但没有眼神交流，或者只是盯着吃的；可能会趴在地上并以头撞地，哭闹；可能打自己脑袋并盯着食物；也可能看看家长再看看食物，然后再看家长；可能看着家长，然后指指食物再指指自己；可能说"要""我要"，或者"我也想吃"，甚至是"妈妈，能给我一个吗？"等。

确立适合儿童初始沟通行为的教学目标

为了确立儿童初始沟通行为的教学目标，首先要评估儿童在当前的情况下语言和非语言沟通的能力。

非语言沟通方面：
· 在问及下会不会点头或摇头表示同意或不同意。

- 会不会以指表达兴趣和需要。
- 在指的同时是否搭配眼神的交流。
- 在指和眼神交流的同时是否有发声的配合引起注意。
- 会不会以其他简单手势表达简单的需要或者说明简单情境。
- 会不会以其他复杂的手势表达较为复杂的需要或者说明较为复杂的情境。

语言沟通方面：
- 有无咿呀学语。
- 存在一些有意义的发音，但不是有意识地发出。
- 能够有意识地发音，但只限于称呼人。
- 能够模仿说动词或者短语，虽然尚不了解其意义。
- 掌握一定量的词汇，能说，会背，但生活中很少应用。
- 能够主动地用动词或者动词短语表达。
- 能够说句子（且不限于背诵或记忆）。
- 能够表达情感。

语言沟通与非语言沟通搭配使用的情况：
- 非语言沟通为主，搭配少量引起注意的发声、词汇或短语。
- 语言沟通为主，搭配非语言的沟通策略。
- 恰当而充分的语言和非语言沟通相结合的策略。

以适当的教学程序开始沟通行为的教学和训练

如果家长或专业人员确实了解并非常熟悉以发展教育理念衍生出来的教学模式或者技术（如"地板时光"），那么当然可以试用。本节重点讲解 ABA 理念下尤其是随机教学（Incidental Teaching）中的几个相关教学程序。

系统时评教学法

- 执行一项准备由孩子来命名的活动。

- 执行的同时描述这项活动并给孩子轮流执行的机会。
- 如果孩子模仿了预期行为,给予适当强化(如"我在拍球")。

　　例:公共汽车上的对话(不主动发起谈话的孩子)。

　　爸爸:瞧,我看见一辆救火车。

　　孩子:我看见一匹马。

　　爸爸:我看见一棵大松树。

　　孩子:我看见一座大桥。

　　爸爸:我看见一个红房子。

　　……

　　(辅助:你看见了什么?说:"我看见了")

恒定延时教学法

- 执行一项活动(比如蹦床,看起来要特别有趣)以激发孩子的目标反应(蹦床)。
- 首先尝试采用集中孩子的注意的方法(如走近他、目光接触、歪着脑袋、询问的表情)并维持5~15秒钟(根据目标反应和孩子而异,但间隔时间固定)。
- 如果他做出预期反应,给予机会和适当强化。
- 如果他没有做出反应,给予适当水平的辅助使反应出现,并强化该反应。

渐进延时教学法

- 执行一项活动(如蹦床,看起来要特别有趣)以激发孩子的目标反应(蹦床)。
- 首先尝试集中孩子的注意(如走近他、目光接触、歪着脑袋、询问的表情),不加等待就辅助他做出反应,给予机会并适当强化。
- 同样采用集中注意的方法但逐渐延长等待反应的时间(如1秒钟、2秒钟、3秒钟、5秒钟等),直到他独立完成。

即景教学法

- 安排自然环境，吸引孩子注意某物体或活动（如把孩子喜欢的东西放在架子上或盒子里）。
- 孩子以要求帮助或者表示兴趣的方式起始互动（发出声音、目光注意、走近你等）。
- 为你的孩子确定合适的语言目标（球、红球、大红球）。
- 提供必要辅助以激发他的反应：

  A. 集中注意延时等待（5~30 秒）。

  B. 证实（如果你不确定），"你是想要这个球吗？"

  C. 如果没有反应，注意 + 要求（你想要什么？你想要哪一个？）。
- 如果对上述第三步没有反应，从 A 开始顺次使用以下辅助水平，直到反应出现。

  A：问最后的语言反应（TLR）（"告诉我你想要什么"或"告诉我更多关于你想要的"），等候 5 秒反应。

  B：给予部分示范辅助（"你想要什么，你要告诉我，说'qi-u'"；或者"告诉我你想要哪一个？说'我要……'"），等候 5 秒反应。

  C：给予全示范辅助（"你想要什么，你要告诉我，说'球'"；或者"告诉我你想要哪一个，说'我能要那个大红球吗？'"），等候 5 秒反应。
- 如果他对全示范依然没有任何反应，提供一切必要的辅助并终止该教学。
- 通过重复确认他的反应（"真棒，你想要大红球"）和给予他活动的机会来强化他的行为。

即景教学法举例：饭桌上的即景教学。

园园伸出手去拿牛奶（孩子始动），妈妈故意把牛奶放得靠近自己而园园够不着的地方（环境安排）。妈妈要教园园说"牛奶"（确定语言目标），因此，妈妈倾身向园园，跟她目光接触，并歪着头

用询问的眼光看着她（集中注意）。园园没有反应，于是妈妈说（没有必要证实）："园园，你想要什么？"

如果园园给出正确的反应或接近正确的反应，给予确认的反应（"真棒！向妈妈要牛奶！"），并给予牛奶（自然的强化物）。

指令模式教学法

· 安排自然环境，吸引孩子注意某物体或活动（如把孩子喜欢的东西放在架子上或盒子里）。

· 为孩子确定合适的语言目标（球、红球还是大红球）。

· 通过提要求始动对话（如"你想要做什么？或你想玩哪一个？"）。

· 如果孩子没有反应，按下列顺序提要求：

　A：指令 - 无示范辅助。

　B：指令 - 部分示范辅助。

　C：指令 - 全示范辅助。

· 如果他对全示范依然没有任何反应，提供一切必要的辅助并终止该教学。

· 通过重复确认他的反应（"真棒，你想要大红球"）和给予他活动的机会来强化他的行为。

指令模式教学法举例：动物园里也可以教学。

亮亮喜欢看动物园里的狮子、老虎与猴子。爸爸计划教他"我想看……"当他们到了动物园，爸爸问："你想去哪儿？"亮亮兴奋地朝猴山跑去。爸爸追上他，说："告诉我你想去哪儿。"并等他5秒钟反应。亮亮说："猴子，猴子。"爸爸说："你想去哪儿？你需要告诉我，说'我想看……'"5秒钟后如果依然没有反应，爸爸说："你想去哪儿？你需要告诉我，说'我想看猴子'。"亮亮说："我想看猴子。"爸爸说："太好了，带你去看猴子！"带他去看猴子。

关键反应教学法

关键反应教学法也称为关键反应训练（pivotal response training），着重强调儿童对多重线索的反应性、行为动机、自我照应以及自我启动等关键的行为领域，并认为一旦掌握这些关键性的行为能力，儿童的自主性、自我学习的能力以及泛化的能力就能得到进步和发展。关键反应教学法也是一种自然情境下的 ABA 教学技术，强调自然情境下机会的把握和创造，并给予自然的、功能性的强化结果。具有如下特点：

- 孩子始动并轮流互动。
- 大人呈现的问题、指令或反应机会必须明确，与目标反应一致，不受干扰且必须让孩子注意到。
- 只要适合孩子的发育水平，尽可能呈现多重线索。
- 经常穿插维持项目。
- 强化物要及时，依从于目标反应，有效，排除干扰。
- 利用直接的（自然的）强化物。

顺天、尽性、寻安处：谈教育干预之成功

我常谈人生，却很少甚至回避谈"成功"的人生。在我看来，生命不是产品，不能拿一个标准来限定。人是需要教育的，但人绝不是教育的产品。如果非要将人看作一个产品的话，那么人既不是父母的产品，也不是教育的产品，人只能是自己的产品。是靠自身行为求生存、谋发展、趋所欲、避所厌并以此与其周遭环境相互作用的产品。一息尚存，则此产品尚有一息未竟；一念在动，则此产品还有变化可能。但人生不到最后一息，又怎知他可能做什么和要做什么？！所以我一般只谈人生之体验，很少或者回避谈人生（或教育）之"成功"。

但是，当我看到绝大多数的家长，还是把教育和干预的成功限定在一个人为的、以比较他人的社会标准为参照或建立在一个无法定义的某种状态之上时，我认为这样的认识要么会"瘁而已"（身心交疲而无所达）要

么会"惰而已"（怠忽而无所终）。因此，尽管我讨厌所谓"成功"的命题，还是忍不住要发声，借个人的思考给大家以不同的视角来看待对孩子的教育和干预介入。

我的思考就是：教育和干预介入，要顺天、尽性、寻安处。

所谓顺天，就是知止、知限。天生万物，各赋其能（已能与可能）。有其能，必有其不能（不可能）。其所不能，是为天定，是为止处和限处。要鹦鹉当居委会主任，让老鼠来管理人类社区，这就是不承认这个止处和限处所带来的笑话。

不仅与物对照，人物各有止处和限处。即使人人之间，也是天赋不同、各有止处和限处。人为干预（教育和介入）要依天之所赋而行，也只能依此而行；不依此而行，虽行却不能成功，不能仅凭个人喜好或者意志强为人行。

依天赋而行，首先依人之天赋而行的前提是要了解人类自己，了解人的可能与限处；更要依被教育者（孩子）个体的天赋而行，这就要了解个体的体格、精神和发展潜能。介入之前，了解为先。在实践中就是一切介入干预都要建立在基线评估的基础之上；建立在对被介入者的了解和把握之上；建立在对未知领域、未知事实、未知信息的敬畏之心之上。建立在基线评估之上，则介入最有可能实现；建立在对被介入者的了解和把握之上，则介入最有可能顺利；建立在对未知领域、未知事实、未知信息的敬畏之心之上，则介入不当的时候最有可能得到及时调整和矫正。

所谓尽性就是把潜能（可能之能）发展、把已能发挥。以开发潜能为体，以发挥已能为用，用尽用全就可以说尽性了。但潜能不是无限能，潜之界处要参考上述顺天原则以及操作路径。

用尽，就是把已能用至其极。能跑而求快，能跳而求高，能为厨者不厌精细。当然，快、高、精细不是与他物比也不是与他人比，而是和自己比、达到自己所极处。

用全，就是凡所能必得其用。孤独症谱系障碍人士并不因为一障碍而失万能，而是依然有多能可用。关键是我们作为教育干预（介入）者是否开发了这些能、是否引导利用了他的这些能（能听、能读、能写、能说、能自理、能自立、能助人、能工作）、是否用全了他所能？！

尽性，除了在极处和全处用力，更重要的是如何应情应景地协调其所能并高效地解决生活中的问题。而生活中的问题解决就是生活本身，阅历越多、锻炼越多，则解决问题的能力越强、则其协用其能的能力越强。譬如，肚子饿了要搞到吃的，就需要协调各种已能，从察觉饿到寻找可食之材再到把这些材料做成可吃之饭菜，其行为有复杂简单之变、其能有高低不同，但其解决之路径和方向一致。无论能之终局是何模样，其练就之过程、之要素都不过如此。所有这些，也是跟自己比，而不是比物，亦不必比人。

顺天，尽性，则安处在即。一切不安之处，盖由"为不顺天"（妄意妄为的介入）、"能不尽性"（潜能不得发，已能不得用）而造成。所以，顺天、尽性的过程，其实就是给不安之心找个安处的过程。心安了，事就不难了！

说在成功，意仍在人生。不管大家能否领会、领会多少，希望读者都能细细体会一下，即使不为孩子，只考虑自身生活，我想也是会"思"有所"得"的。

论妈妈的"能与不能"与子女的"能与不能"

今天浏览一个年轻妈妈的朋友圈，她发图显示年幼的儿子（不是 ASD 小朋友）自己"修"自行车，并揶揄自己在儿子眼里是一个"爱运动的'笨'妈妈"。

我看后颇有感慨，附言如下，并摘录在自己的朋友圈里：

"妈妈无所不能则子无所能；妈妈无所能则子无所不能！咦，你要做全能的妈妈还是要一个全能的儿子呢！当妈妈的果真不能而做到不能，容易；果真能而做到不能，不容易！"

紧接着，在我的朋友圈里，一个 ASD 小朋友的妈妈给我留言："如果不是儿子所迫，怎会把自己弄得一身才华！"

这就有意思了！

我很担心两厢对照，会有一部分人认为：如果你有一个正常发展的孩子（NT），你就应该装作自己无知、不能，从而给孩子解决问题、激发能力的机会；如果你有一个孤独症谱系障碍（ASD）孩子，你就要激发自己的潜能从而无所不能。

所以，我觉得有必要再费些口舌、泼点笔墨以正本清源。

第一，任何一个个体拥有适应社会和生存的技能都是越多越好。不仅仅是我们关注的孩子，也包括我们自己。我强调的是，妈妈要"果真能而做到不能"，其含义并不是真的妈妈越无知、无能越好。

第二，一些适应社会或生存的技能对自己轻而易举、对孩子却是不能或难能，我们天然的爱子之心会促使我们下意识地帮孩子直接做到。这样做反而让孩子失去面对问题或困境首先自我尝试的机会（当尝试不得，我们要试图辅助他获得这个对我们轻而易举的技能，也不能直接替代他实现）。

第三，如果着眼于孩子适应社会或生存的角度，则己有百能而不如孩子拥有一能。父母从自身发展角度当然可以追求百炼成钢、无所不能，但要知道这只能让父母更适应社会和生存而已，并没有让孩子在能力上受益。而培养孩子的目的是让孩子收获技能。而放手，"能"才有机会；放手中发现的能力短板才是孩子更需要、更实用、获得之后更受益的技能。因此对于无论是什么样孩子（NT或ASD），家长都有必要做到或者有意识做到"果真能而不能"。

第四，任何一个道理都有其所以有道理的一面。但是经世有时就会发现，任何一个道理的反面也都自成其道理。如果拘泥于一人一言一理，不免有南辕北辙、刻舟求剑之愚祸！所以父母在修能教子的过程中要越来越智慧，有权衡与判断的能力，这个才是更重要的。

言有尽而意无穷，慢慢领会吧……

人生就是迈过一道道坎儿

今天一位家长发给我一份采访她的图文链接。这个妈妈是我了解相对比较多的一个家长：很执着、很努力；学不厌、教无倦；用情甚过用智；

拉扯着两个学龄的孩子，确实不容易！

边读着关于她的信息，也依稀回忆着这几年她在诊室、学习班和会议期间带给我的印象，不由得自己也慨叹人生。

人生就是一个个要迈过去的沟沟坎坎儿，不是这个，就是那个。等你迈不动了，你就老了；等你迈不过了，你就歇了！

有没有闭娃的人生，其实都是一样的！不一样的，只是坎儿。也许你的多一点儿，我的少一点儿；也许你的浅一点儿，我的深一点儿；也许你今天遇到的，我明天遇到……

来世上一遭，就是要解决自身的问题（生存本身的问题和生存意义的问题）。有余力的话就去解决与自己息息相关的他者的问题。有多大的本事，就解决多少或者多大的问题。这样子看人生，也许人生的意义就是数一数你迈过多少坎儿、量一量它们有多深吧。

上苍赋予你生息，也必然赋予你迈过一道道坎儿的能力。一坎儿不迈的人生，既不现实也毫无意义。每个人，但凡一息尚存，就不知道自己还能做什么、还有多少潜力可挖。要想知道上苍赋予你的潜能有多大，试试自己有多大的能耐、多不一般的忍耐，那就在生活、连同它的沟沟坎坎儿一并铺设在你面前的时候，上路吧！

生我在途，那就一路狂奔下去。但用不着在一天里把一生的坎儿都迈过。很多人因此而挪不动脚步了呢！

怎样才算一个好机构？

一个好的机构，首先要保证大多数在训练的孩子在较短的时间（三个月到半年）获得较大的实实在在的进步。这些进步，客观上体现为服务对象的评估数据相对于基线时评估数据（通常是 VB-MAPP 或其他评估值）的提高和改善。主观上表现为孩子在日常生活中对周围人、事、物的关注有明显的提升，可以和周围人有更多可分享、可共享的关注了。在所有训练的孩子中超过 50% 的孩子获得了这样的改善和提升，就算大多数了。但是，是超过 50%，还是超过 70%，或是超过 90%，这其中又是有些许差别的。

一个好机构，应该尽力地扩大它所服务的对象获得这样改善的基数。这是毋庸置疑的。也是大多数机构所追求的。但在我看来，这还不够好。一个更好的机构，我认为，它应该更加重视在它服务对象里属于少数的那一部分服务对象。也就是经过一段时间的干预，对象获得的进步有限或者不如预期，甚至没有获得进步。

这些机构中少数或者个别进步不如预期或无进步的孩子，对机构来说无疑是具挑战性的。唯有把可能的挑战因素（主要是两大类：机构管理和机构专业服务能力的；孩子自身和家庭因素的）弄明白，这些孩子才有可能获得进步。

如果一个机构能够让它所服务的对象在一个相对较短的服务周期（三个月到半年）有70%~80%的对象获得较满意或者符合预期的进步。那么，这个机构已经很优秀了。它很容易躺在这个让大多数服务对象满意的成绩单上自我陶醉或者满足。它只盯着自己满意的一面，则它发现自身管理和专业问题的能力和动机都会削弱。久而久之，它甚至保不住原有的成绩。

因此，一个更好的机构，无论是从它自身管理还是从专业发展的角度，都应该高度关注那服务对象中的少数群体（即没有获得进步或者仅获得有限进步的群体）。分析少数群体之所以进步有限或者没有进步的挑战性因素，把可以归之于机构管理和专业能力不够的因素，通过对个案的复盘分析加强督导、广泛而深入地讨论和学习（集思广益）、密切结合和纳入家长的力量和智慧，去发现和提升，从而使少数的群体可以获得满意的进步。那么，在这个过程中，孩子所获得的进步和提升，固然是可喜可贺的；但相对于通过这个孩子发现机构管理和专业服务上的问题并使机构获得整体提升和改进而言，后者更是机构之福分。

这样双赢的局面，却并不是没有代价的。这个代价就是，对于这些少数个体而言，他们可能需要机构更多精力的管理，更多督导的时间，以及相关教学人员更用心的投入。也就是说，算单个训练成本，同样的收费，相对于那些大多数获得进步的孩子而言，这些少数个体的成本/效益比似乎不划算。因此，太计较眼前成本收益的机构，可能会有意无意地忽视这个群体而拥抱和宣传那个大多数的群体。但是，如果它太计较眼前的成本收益，或者它的资本体量使它不得不计较眼前的成本收益的话，那么，上文我所提到的，通过这样一个个案（或者少数个案）而收获的，机构在管理和专业服务上问题的发现和改进这个长远的收益也就不会获得。而这种长远收益对机构的长期生存和发展更有助益。我想，资本对训练市场的介入，如果从这个角度上考量的话，它的正面作用要远大于负面作用。

对于少数群体或个案的看似不计成本的投入，实际上是给机构自身的一个健康体检和潜力探底。通过对自身管理能力和专业服务能力的极限挖潜，如果服务的对象还是没有能够获得满意的或如预期应该的进步，那么，我们才可以把这个挑战归结于孩子自身，即使到这个时候，我们服务于这个个体的团队，不得不向家长说抱歉的时候，应该是能够获得家长的谅解，而家长也是应该能够和机构一起，调整其后续的预期目标的。

谈谈家长视角

在孤独症谱系障碍儿童的干预中，机构无疑是不可忽视的一笔。无论是商业地做，行政地做，还是公益地做，既然做，总是希望做得好，做的有口碑，把它做成是真正助人而不是坑人的事业。这应该是绝大多数机构最起码的良心所在。如果连这点儿也做不到，那绝谈不上"好"的机构了，而是机构的败类。我这几句送给机构负责人的话，是对着这些有起码良心、向善、向好追求的机构说的，不是对着机构的败类说的，对着它们说话的，是法律。

把机构做好，做出口碑，做成真正助人而不坑人的事业，首先要明了机构的性质：在孤独症谱系障碍的教育干预事业上，机构是专业的服务机构。今天我想说的几句话，就是围绕着这个性质的两个关键词：专业性和服务性。前者追求知与能，后者追求爱与暖。前者强调人才，后者强调人心。

总观当下林林总总的机构，有的专业性特色突出，而服务性做得不够；有的服务性色彩浓厚，但专业性不足。而家长们最渴求的，是两者赅备而平衡。家长们所渴求的，应该就是机构所需要努力的。

正像小龄孩子家长们都下意识地关注孩子的学业和认知发展一样，任何一家机构都会先天地重视专业性的发展。也正如我对小龄孩子家长提出关注其终生技能的 ALSO 理念一样，我对机构负责人在此也提醒：服务性是鸟儿一双翅膀中的一只，只有两只翅膀（专业性和服务性）都有力而且协调，机构才能飞腾。

那么如何在专业性机构里渗透和贯彻服务的理念，并以服务来提升和促进专业的发展呢？这就像帮助一个孩子学习和成长，你必须和他生活在一起，在实际生活中了解他的能与不能、想与不想、爱与恨、为与不为一样，你也必须了解你所服务的家长，他的能与不能、想与不想、爱与恨、为与不为。教育孩子的人，首先应该有一个孩子的视角；服务家长的人，首先应该有一个家长的视角。

家长视角，这是个容易说，实难行的话题。易说难做，在实际上就很容易出现表决心、喊口号。只有把家长视角化为机构管理和服务的日常行为（而不只是言说），才能真正实践家长视角。在这里，我想以一个具体的实例来以点带面地谈谈这个问题。

日前我与一机构负责人聊天，他给我展示了接受机构服务的家长们，在离开机构以后他们所做的对孩子状态，以及对机构服务的反馈调查。这种反馈不是一个两个，而是很多，一群。这些反馈很正向，也给做机构的同事们以强化和信心。能够做到关怀曾经服务过的孩子和家长，这一操作本身就是一种家长视角的行为（恐怕没有家长会反对一个帮助者的持续关怀）。

但是，正是在这里，我想以此为例，谈一谈我心目中的家长视角。我认为这种反馈，例数再多，也只回答了一个问题而已。然而，对于离开机构的家长，还可以问很多问题，而且这些问题，不是积累更多类似反馈所能回答的，譬如：

1. 离开机构的孩子每个季度有多少？累积有多少？其中仍在其他机构或个人工作室干预的占多少？融入幼儿园或小学的有多少？融入得顺利不顺利？适应的状况满意不满意？顺利且满意的占多少？不顺利且不满意的占多少？

2. 如果目前仍然在特教环境（其他机构或工作室）下，他的状态如何？有哪些进步？还有哪些担心？您下一步（未来三个月到半年）的打算是什么？您还有什么困难或困惑？您当下最希望获得的支持是什么？
3. 如果目前仍然在正常环境下，他的状态如何？有哪些进步？还有哪些担心？你下一步（未来三个月到半年）的打算是什么？您还有什么困难或困惑？您当下最希望获得的支持是什么？
4. 您离开我机构已经X个月了，孩子在我机构训练的这段时间您认为机构总体上对孩子有怎么样的影响？有多大程度的影响？如果时间可以倒流，您希望孩子以及我们机构如何做会更好？

这些问题在孩子和家长离开机构后，没人想、没人问、没人答，那就是心离服务对象，还不够近！或者，也可以说心口不一。无论家长视角的口号喊得多响，决心多大，它在实践上还始终是裹步不前的。但凡开始有人想、有人问、有人答，那么，他就开始了家长视角的实际行为，他的问题就会超出上面所设，他的收获和进步就会更大、更好，他的专业性就会有更好的保障、更大的促进。

最后，我以十多年前所感悟的一句话（这句话也经常以寄言的形式写在那些找我在书上签名的人他的书的扉页上），作为结尾：

爱心关冷暖，智慧启易难。

第三章　ALSO 理念的提出与发展

ALSO 理念概论

ALSO 理念是立足现在（孩子两三岁）、放眼未来（考虑孩子到二十三四岁的需求），在现在与未来之间架起一座桥梁，实现孤独症谱系障碍儿童从自理到自立再到独立的关键能力的转变和提升。

ALSO 理念之所以提出，源自门诊中所看到的孤独症谱系障碍人士和他们的照护者在孩子的不同年龄段所关注和需求的内容是大不相同的：2～3岁，看重语言和一般认知的发展；3 到 6 岁，关注能否入幼儿园；6 到 10 岁，关注有没有学可以上；10 到 18 岁开始关注未来发展和是否能独立生活；成年以后关注养护和生存问题。

值得思考的地方是：前一阶段的关注和需要即使得到圆满解决，也并不意味着后一阶段的目标自然实现。譬如，很多孩子在机构经过半年不等的训练从没有语言发展到出现语言能力，由对家长的话如同没有听见到可以听从简单指令和进行简单的桌面学习。他们已经很适应一对一的教学设置，但一旦面对幼儿园和小学的集体教学环境，似乎一下子又变成了一个从未经过训练的孩子一样。经过若干时间，多数孩子或许也能在陪伴或者老师强化干预的情况下，逐渐适应幼儿园的学习环境（至少表面上，他渐能遵守纪律，上课不下座位，不到处乱跑，不干扰别人学习，自己也能不经意间把老师教的儿歌背下来，在老师提示或个别辅助下也能基本上随大流而不那么孤立于集体之外）。但上小学的时候，还是能被面试的老师发现问题，或即使面试过了关，教课的老师还是能发现他与别的同学的不同。有的孤独症谱系障碍儿童能坚持完成小学甚至初中的学业，但也有部分儿童在小学高年级开始就逐渐从学校又回到家庭。家里有这么个孩子无学可上，必然得考虑他将来的安置，但家长又顾及孩子年纪尚小，也没有那么迫切地需要孩子学习某个一技之长，每天只要他不发脾气、不伤人、不自伤、不毁坏东西也不觉得有多劳累辛苦。此阶段家长们未尝不想教他点生活和生存的本事，诸如洗衣做饭、整理家务等，但一来他未必愿意去学，反而生出很多问题行为来，更教不下去；二来，教他做远不如自己做来的更快更好。两者叠加，再没人坚持要求他学什么或做什么。等到孩子已经成人，教他学什么或者指挥他做什么越发困难，而自己也壮年不再，就为自己百年之后担忧了，巴不得有什么法子让他能够不依赖于老迈的自己而能自立、独立。

既然只关注阶段性的需求并不能实现孤独症孩子完成从自理到自立再到独立的转变和提升，就有必要提出一个新的理论来引导家长，从阶段性的关注中分一些精力出来，思考孤独症人士终身的需求是什么、终极的目标是什么。终身的需求和终极的目标如何在阶段性的需求和目标中实现?

如此想来，就需要在现在（两三岁）和未来（二十二三岁）之间架设一个理论桥梁，这个理论的核心要旨在于：现在的训练内容必包含如何解决未来的需求；未来的目标必在今天得以练习，AlSO 理念应运而生，它对于孤独症人士训练的意义在于两点：第一，从内容上涵盖了学业／认知技能、生存／生命技能、社交规则／社交技巧、职业／专业技能，一个有独立生存能力的社会人立足于社会，可能也就需要这些方面的技能，内容上具有完备性；第二，从形式上特别强调训练的非阶段性，或者说特别强调某些行为技能的终身必要性和完备连续性。后者在《ALSO 理念初探》中得到进一步的阐述，可以说为 ALSO 理念从理论变成实践可依的方法提供了线索和可能性。

我在《初探》里，可能过度强调了所教技能的完成性和终极性，也就是说，一个技能，如做饭，它成熟后（完成性和终极性）怎么样，那么在初始的时候我们就如是教。这的确不失为一种方法但偏于理想化，对于要认真执行的家长来说无疑开始的难度很大。现在想来，重要的是家长在孩子两三岁时就要有每天执行 ALSO 理念四个领域的训练内容的意识，而倒不必每天所教的每一项内容都需要具有 20 年后的完成性。这样就给了家长很大的起始教学的自由度，虽然如此，仍有两点是必须提醒家长的：家长要时刻有撤出辅助的意识和每日坚持的意识。前者要求但凡孩子能做的，家长务必不再做；后者则保证了未来孩子做这些事情不至于有太多阻力，甚至可能自觉去做。

《ALSO 理念再探：生活中教学的意识与机会》这篇从一个最一般的孤独症人士（中等甚至偏下一点程度）的角度，描述了经过 ALSO 理念引导的长期训练（23 年）之后，一个 6 岁的孤独症孩子到了 29 岁时的工作、生活状态。直到现在，我依然坚信，这样的愿景，是任何一个中等（甚至偏下）程度的孤独症谱系障碍儿童可以真实实现的。我想说的是，这绝不是不可能吃到的馅饼，但也绝不是等着就能从天上掉下来的馅饼。这是家长们必须从孩子两三岁开始，用 ALSO 理念和它的方法论为引导，让孩子刻苦训练、坚持训练才能实现的目标和理想，而且如果坚持如此，最后能达成的状态很可能远超我所描述的状态。

《ALSO 理念三探：在生活中教学，在教学中生活》进一步阐述了如何在生活中、在自然状态下教孩子学业/认知技能、生存/生命技能、社交规则/社交技巧、职业/专业技能。在自然状态下教学、生活中教学关键在于机会的把握和利用。如果一个家长在生活中善于发现甚至善于创造，进而善于利用这些教学的机会，就算是教孤独症谱系障碍儿童也并不十分困难。

ALSO 理念虽然经过了上述几篇文章的阐发，但还仍停留在理论建设的层面。虽然我从很多成功的家长（孩子功能有高有低）身上看到这个理念的巨大生命力，但它还需要从实践中去丰富和完善。前一段时间在美国召开的孤独症谱系障碍国际会议上，来自北卡的一篇关于影响孤独症长期预后因素的文章，从一个侧面为这个理论铺垫了一些循证依据，但仍然缺乏来自我们自己实践的验证性研究。希望借 ALSO 理念为孤独症谱系障碍儿童长期干预的理论和实践烧起一把中国火，也希望借助这样一点火光能在世界范围燎原，造福万千孤独症谱系障碍人士及其家长。

ALSO 理念：从孤独症到社会人

某日门诊，一位孤独症孩子母亲向我提到：她的儿子眼看小学要毕业，但能否上初中却没有很大的把握，在社会交往、兴趣行为等方面，孤独症谱系障碍特点依然突出，即使能够顺利考上初中，面对新的环境、新的制度、新的老师和同学对她的孩子来说也是一个巨大的挑战，这个挑战不比当初他上小学时所面临的困难小。从妈妈的话语里可以察觉，听出她真正担心的就是孩子现在的学业能力，他似乎没有希望能继续初中的学业。

对于孤独症谱系障碍儿童来说，融入社会就是融入大多数同龄的正常儿童群体，这些正常儿童群体在经由父母或者其他照护人抚养具备了独立地行走、言说和吃饭穿衣上厕所等最基本的自理能力之后，在走向成年人之前，他们一般会标志性地经历幼儿园、小学、初中、高中这几个阶段。虽然这几个阶段都是以学业能力（认知技能）为主要诉求，但儿童群体生活的环境本身也提供了丰富的社会性学习的机会，使这些儿童不断地意识、习得并掌握处理自我与他人、自我与环境的关系的能力（从行为主义角度，这些能力可以理解为儿童已经掌握的行为库存）。相对于对学业能力的诉求，这些处理个人与他人、个人与环境关系的能力可以被称之为潜在的、隐性的社会能力，这些社会能力与学业能力一道成为他将来步入并适应社会的基石。

孤独症谱系障碍儿童在这样的环境里是否也能与正常儿童一道，自发自觉地意识、习得并掌握这些潜在的、隐性的社会能力呢？举一个例子来回答这个问题：我在诊室里曾经评估一个近两岁的疑似孤独症谱系障碍的儿童，我把几个玩具拿在他面前，他对其中一个很有兴趣，拿在手中把玩了一两分钟，当我从他手里拿回这个玩具，攥紧了再放在他面前的时候，这个儿童就尝试着从我的手里拿走，但是我没有放开。接下来，他尝试着一个个掰开我的手指，在他费力地掰开头两个以后，第三个他怎么使劲都掰不开。他有些情绪地哼唧了两声，就作罢了，跑向另一个地方。我在这个小小的互动里至少设置了三个明显的点，让他把我当一个可以帮助他的社会人来看，如好奇地看我一眼，或者求助地看我一眼，哪怕是愤怒地看我一眼。这三个点分别是从他手里拿回来玩具攥紧了再放到他眼前的时候、在他掰开手指的时候、在他无论如何也掰不开其他手指的时候。但是他们都没有发生。即使一个1岁的正常儿童，其反应可能也会有所不同。

注意，这个例子的儿童最终没有哭闹、发脾气，至少在我这个陌生的医生面前他没有这些行为。但是很多儿童，即便是孤独症儿童，可能在满足受挫（比如拿一个放在高处的东西）的过程中直接就表现出哭闹、发脾气，甚至自伤的行为，但依然没有社会性表现。很多家长只要置身在这样的场合都会一目了然地领会到他哭闹的原因，从而直接满足了他，让他失去社会性学习机会的同时也塑造了儿童的问题行为。

但是，如果我们不是为了试探而是把上述过程变成一个教学，依然利用上述三个点，同时及时地辅助儿童看我们，或者发出一些可以接受的声音（比如模仿说"我要""打开""给我"），或者辅助他用其他社会可接受的手势得到这个玩具，那么他是否就可以意识到、习得并掌握我们预期的社会性行为呢？答案是肯定的。

在此我无意给大家示范自然情境下ABA教学机会的创造和把握，只是借由这个案例引发大家对孤独症儿童社会性行为缺陷和如何弥补的思考，以及往哪个方向训练孤独症儿童和训练到什么程度的思考。

孤独症谱系障碍儿童现实的缺陷使我们迫不及待地寻找各式各样的技术。回合式操作教学法（Discrete Trial Teaching, DTT）、人际关系发展干预疗法（Relationship Development Intervention, RDI）、DRI、CPI、地板时光、DENVER模式、早期干预丹佛模式（Early Start Denver Model, ESDM）、SCERTS模式（SCERT model）等应运而生。但是从孤独症谱系障碍儿童人生历程发展的纵向角度来看，那些只顾眼前的理论与方法，并不能或没有解决后期孩子生存发展的诸多问题，它促使我们不断地思考训练的归宿问题，而且还改变着我们既有、既定的思考结论。

那次门诊让我又一次受到了冲击，我在一张纸上乱涂乱画，后来几个字母映入眼帘，那就是A-L-S-O。此后在杜佳梅和秋爸爸组织的ABA"黑社会"圈子里首次提出，在方静等主办的"星语星愿"联盟上正式倡议（题目是"殊途同归：从孤独症到社会人"）。这是现阶段我对圈子里的家长和老师们提及最多的一个理念：

A 代表 Academic Skills，也可以理解为学业技能，或者认知技能。对于孤独症儿童的训练来说是重要的一环，但不是唯一重要的一环。

L 代表 Living Skills 和 Life Skills。前者与生存有关，后者与生存的意义有关。前者直接关乎衣食住行以及获得衣食住行的能力（如从会自己吃饭到会自己做饭，再到会自己赚到钱做饭），后者代表让自己活得愉快、开心（兴趣、情趣的培养，从家长不乐见的爱看广告，喜欢并且就只听某歌星的歌曲，到画画、涂鸦，再到发展某项常人不及的专业兴趣等）。

S 代表 Social rules 和 Social skills。前者可以粗略地理解为"不干扰别人"，后者可以简单地理解为"被别人喜欢"。要做一个社会人首先应该做到"不干扰别人"，然后追求"被别人喜欢"。因此 ALSO 中的每一个领域里不同的内容还隐含着一定的等级含义。

O 代表 Occupational Skills。由 L 而来的所有内容发展到极致，无不可以发展成职业化技能，哪怕专门帮人打扫卫生，做到极致也会被人哄抢和供不应求，所以不必总惦记着考大学这一件事情。

这个理念没有时段性，不是几岁到几岁以 A-L-S-O 的某一领域为主、几岁到几岁以另一个领域为主，而是从 2 岁起就应当全面考虑、平衡协调培养和训练。虽然看起来 O 的领域似乎是青春期以后的事情，但是如果没有 A、L 和 S 的前期铺垫，O 也不会像天上掉馅饼一样自动出现。

"ALSO"只能作为一个理念或者方向，本身不是一种训练技术，也不是一种教学方法。它的最终实现还要依靠特定的教学技术，无论你是用 ABA 的方法，还是用发展、教育的途径。

希望这个理念能够引发大家争鸣和讨论。

ALSO 理念初探：理念核心

一日之中有十年

十年一日不简单

> 人皆喜多嫌恶少
> 我自独练恒以专
> 常忧浮云遮望眼
> 深谋远虑图发展

多数的孤独症训练机构对孤独症谱系障碍儿童所做的评估不外乎两条主线,一个是对现阶段发育水平的评估,另一个是对孤独症相关症状的和/或缺陷的评估。评估的手段总体上也是两类,一类是量表式的客观评估(含有观察的成分),另一类是基于观察的主观评估(可以是自然生活状态下的观察,也可以是预设情境下的观察)。在此评估的基础上所制定的教育计划也因而是两个方向的,一个是补救性质的,另一个是矫正性质的。

既然是流行的做法,这样做和继续这样做似乎都是自然而然的事情,大家都如此自然地接受和照做下去,也就缺少了质疑和挑战的动机。

但有没有必要质疑呢?

从实践层面上看,绝大多数儿童都是机构的过路客,不管他曾经在机构取得过如何的进步或者曾经多么棘手,不管一个小小的突破曾经带来多少的激动和幻想,也不管一个小小的问题曾经多么让人焦头烂额、心灰意冷,甚至绝望放弃,十年过去再回头看,那些曾经的激动或忧患多数不过是片片浮云而已,现实仍不免诸多烦愁隐忧。谁曾想再过十年,这些当下现实的"烦愁隐忧"又将如何变化?近日与中国残疾人及亲友会的温洪主席聊天,她趣谈当初为女儿写作业有多发愁,非常像现在正在勉强孩子上学的家长。

从理论层面上看,着眼于当前的评估和建立在当前评估基础上的干预对解决当前的问题固然十分必要和便利,也可以孕育将来的发展。但是可以孕育未必等同于将来事实上的发展。正如怀孕是生孩子的必由之路,但仅仅是怀孕却未必保证生下这个孩子一样。为了生下孩子,还要有充分的孕期保健,这不是一个阶段性的过程,而是一个连续的过程,一直到孩子诞生为止,在这个过程中,没有任何阶段性的目标,或者不以任何阶段性的目标为满足,只有一个终极的目标,那就是"拥有他"。

在阶段性的训练孩子的时候,有没有类似成形的、明确的终极目标呢?虽然这些终极目标未必代表孩子生活和社会适应的全部,但实现它们,是孩子无干扰地独立生活的基本保证。孤独症儿童的父母当然值得，也有权利和理由拥有更高、更大的目标，就像所有普通儿童父母所期待的那样，但是我必须强调的现实是，那些普通儿童实现这个"无干扰地独立生活"之目标几乎是无须家长们刻意准备就能实现的，也就是说这些家长可以等来这个目标，或者一旦放手，这些儿童能在环境和社会需要的压力下自然习得。任何一个普通儿童家长必然地追求高于这些目标的内容。现实是，我们的儿童能自然地等来这个目标或者一旦我们放手，他们就自然地适应了这些目标吗？我没有这样乐观，我之所以不这样乐观，是因为看到的和听到的绝大多数大龄孤独症谱系障碍孩子的现实情况。

我有必要进一步解释，这里所谓的终极目标中的"终极"所蕴含的意义：

首先是完成性不代表高低与程度。譬如，以孩子给全家人做饭作为终极目标之一的话，从训练之初，这一日三餐的饭就应当由他做，而不是仅仅端个碗，或者是参与了收拾碗筷而已。这个例子可能让不少同仁想到"串联行为的教学"，比如"穿衣服"。

的确，借助串联行为的教学技术能够把"无干扰地独立生活"所需要的绝大多数的基本能力教会。串联行为教学所带来的提示性意义正在于突破了传统的关于儿童认知和行为发展阶段论的假说。一般认为，儿童会独立穿衣服是有一个所谓阶段瓶颈的，似乎不到某个年龄或者某个发育阶段就不能进行这些活动，或者是进行了也白费功夫。事实上，越来越多的所谓发育阶段论的瓶颈正在被 ABA 的教学技术所突破。

突破这些瓶颈的意义在哪里？这个我留着不说，容诸君遐想。

其次还代表着一贯性，这也是本文提到的终极目标教学不同于串联行为教学所在。也就是不仅仅是教会孩子这个终极目标，还要让他坚持且不断发展和完善这个终极目标，最好是形成常规地坚持。关于把有能力做的事情变成常规做的事情，策略和要点请大家参考"力建常规"部分内容。

掌握多少终极目标，才可以实现"无干扰地独立生活"这个基本保证呢？目前还有待进一步探讨和实践摸索验证。值得强调的是，当我说终极目标时所指的都是具体的行为目标，而不是把实现"无干扰地独立生活"作为终极目标。为了实现这样一个基本目标，确立几个本文所倡导的"终极目标"

（开始教的和最后独立完成的都属于一个形态）并付诸实践是一种方法；最近听甄悦来老师的报告和读她的书，觉得甄老师的理念和方法也可以异曲同工地实现这样一个基本目标。

现在回到引子的头两句"一日之中有十年，十年一日不简单"，它所阐述的就是针对某个"终极目标"的教学和培养过程。一个"终极目标"一旦确立，现在我就在每天的训练中，从无到有、由少到多地渗透和贯彻"终极目标"所需要的那些基本行为要素，直到孩子完全掌握并常规地做，做十年或者一辈子。至于这个要素以外的血肉，随着孩子能力的丰富和个体进步，可以依据实际情况添加。正是因为我们把这样一个具体的行为教学目标放到十年去完成，至于每天则不必费时多少；而借鉴了串联行为的辅助教学技术，则不必担心孩子不会做或者其认知的理解能力还不够。正如孩子不理解"上、下、前、后、左、右"等方位概念，也不必理解上衣和裤子等名词概念，但我们照例可以教他完整地穿衣服这个行为目标一样。

这样就做到了一日之中有十年：如此过完了一日又一日，十年皆如此，则孩子不仅会做，而且按常规去做即可。设想现在孩子6岁，16岁时他能每日给全家人做饭、一切家务不劳他人费心，都能自理完成，是不是一件不简单的事情？不简单不是指孩子做的这些事情不简单，而是"十年如一日"地坚持做这些事情不简单。现在我所见到的基本上可以"无干扰地独立生活"的孤独症谱系障碍的青少年或者成年，其家庭教养的理念和操作方式或多或少、或隐或明地与"一日之中有十年，十年一日不简单"的倡导是符合的。

再谈谈"人皆喜多嫌恶少，我自独练恒以专"。入选"终极目标"的行为训练项目以少为贵。因为终极目标不是建立在应情应景式的短期需求基础上，而是同一个值得天天做、一做十年甚至做一辈子也不过时的行为目标。这样的事情不能多，而且也并不多。目标少，才可能得以日复一日地贯彻执行，目标行为才可以得到精深发展，这些事执行的阻力才可能日渐减少，进而变成自觉的常规。少则专，恒则常，非如此，莫梦想。少则易，恒方现，非如此，岂能专？

最后谈谈"常忧浮云遮望眼，深谋远虑图发展"。何谓"浮云"，一切应情应景的需要皆为浮云。这并非是说应情应景的需要皆不重要，其重要性就在于在对它们解决之中孕育了将来的发展，从这个意义上它们并非"浮云"（假浮云也），前提是"不干扰地独立生活"这个基本目标是可期的、自来的。

一个人首先要"无干扰地独立生活"，才可以有更进一步的要求和其他发展，如果这个基本目标不能等来或者自动适应而成，那就需要下大功夫去培养。在无干扰地独立生活这个基本目标还不是特别迫切需要的阶段（比如 18 岁之前），很多人下了大功夫去解决应情应景（浮云一般）的事情，到头来才知道：没有这个基本目标的实现，过去所追求的都是浮云（真浮云也！）。

浮云既是应情应景的需要而来，也必是变化多端、繁复无常、惑人心性；少了对远虑的绸缪，人就会陷入眼前的麻烦。因此，要"常忧浮云遮望眼"才能做到"深谋远虑"，"发展"才真正可图。

此为初探，为这个理念寻求理论依据。再探、三探待续。

注意：1. 以上言论是针对孤独症相关人群的一般性特点而言，不代表特殊个体的发展要求。2. 以上言论虽针对孤独症相关人群而写，但它的引申意义将不特限于讨论孤独症相关人群，也不特限于一时一事。

ALSO 理念再探：生活中教学的意识与机会

先来想象一下 2035 年的一天。假设您的孩子现在 6 岁，您 37 岁。2035 年的这一天，您的孩子 29 岁，您 60 岁。

6 点钟，他像往常那样按时起床，叠好自己的床褥，从衣柜拿出前一天晚上准备好的衣服，穿戴整齐。然后去洗脸、刷牙。自己的事情料理完毕之后，他走向厨房，准备全家的早餐，早餐通常为白米粥和煮鸡蛋，外加小咸菜，有时候会是面包片、荷包蛋、果酱，配一点西红柿或者黄瓜。

7 点钟，他叫醒您和爸爸（妈妈）来享用早餐。用完餐以后，他简单收拾一下准备上班。他的工作很简单，就是打理小区绿植，负责修剪、浇水、松土、施肥等简单工作，有时也会在师傅带领下为小区居民提供水、电、家具方面的维护和维修。除此以外，他还兼职做一些上门打扫房间的清洁工作。由于他做事认真、有板有眼、从不投机取巧，在小区里还颇有名声。事实上，这份兼职他做得很红火，有需求的居户还得跟他预约时间。

中午，他会回家，如果您和爸爸（妈妈）还在上班，他会把自己的午餐做好。一般是西红柿炒鸡蛋，外加一块7成熟的煎牛排，中午的米饭他会多蒸一些，留出一部分晚上全家人一起吃。

之后他会午休1个小时，有时候睡觉，有时候听听音乐，看看广告单或者看看书，玩玩电子游戏。

下午两点，他出门继续工作。晚上5点钟他回家准备全家人的晚餐。他回到家，打算做土豆烧牛肉、蒜蓉青瓜、清炒四季豆，烧一个黄瓜片儿汤。他检查了一下冰箱，发现需要买牛肉、青瓜和四季豆。他到超市买好这些东西，开始做饭。他很享受他的厨艺。

晚上7点钟，他把准备好的三菜一汤端上饭桌。全家人一起用餐。他有时会讲一讲工作上的事情，有时会跟家人讨论一些他感兴趣的话题，尽管这些话题可能有点幼稚，可是大家仍然饶有趣味地讨论，这让他非常开心。

晚饭后，他会收拾卫生、清运垃圾，并在小区里跑步。回来冲完澡，他会像午休时一样，享受自己的独处时光。11点钟，他熄灯睡觉。

他有时也会发些脾气、不开心，但不会伤人、毁物或者自伤（您很自豪，这源于您平时有效而科学地管理）。他在等待一个欣赏他的有缘人，呵护他又受用于他一辈子。

过上这样的一天是孤独症孩子的梦想吗？至少对于一半以上的孤独症孩子来说，这不是梦想，而是可以实现的现实。实现这样的现实，需要家长在孩子6岁甚至更早的时候，就有在生活中教学的意识，并且把握生活中教学的机会，日复一日地坚持，直到这些事情内化为孩子每天的常规。

生活中教学的意识是指走进厨房的时候，有没有想到也带着孩子进厨房并教他干活？如果想到了，是否做到？如果做到了，是否每天、每次都做到？

生活中的教学意识是指当你检查冰箱的时候，是否意识到可以让孩子来做这件事情，让他看看需要买什么，然后带着他去买，或者让他去买？

如果有想到，是否做到？如果做到，是否每天、每次都做到？

生活中的教学意识是指当觉得家里需要收拾的时候，是否想到该让孩子意识到得打扫房间了并辅助他去收拾？如果想到了，是否做到？如果做到，是否每天、每次都做到？

生活中的教学意识是指当伸手去打出租车的时候是否意识到可以辅助孩子做这个动作？如果他已经掌握，可否交给他来完成？如果意识到，是否做到？如果做到了，是否每天、每次都做到？

生活中的教学意识是指当决定要带孩子做一件事情（外出、游玩、买东西或者其他），可否意识到他也能参与这个决策并跟随他来完成这个决策，必要时给予辅助？是否在每次买东西的时候都想到把钱经由他手递给售货员并辅助他等待找零？根据他的能力，可以或者不必让他计算。如果想到了，是否做到？如果做到了，是否每天、每次都做到？

生活中的教学意识是指在梳妆、上厕所、换鞋的时候，可否意识到他可以帮着找点、递点什么？如果他没听见，其他人可否及时地辅助他做到？做几次并给予强化（不必是物质的）之后，也许他会乐于"听见"有人求助。如果想到了，是否做到？如果做到了，是否每天、每次都做到？

只要有在生活中教学的意识，你就会发现生活中这样的机会是很多的。最关键的是，我们不必刻意拿出整块儿时间来专门进行教学。一切都会自然而然地发生着。不必急功近利于他进步的速度，他只要做了，就会发现，件件都可以放手交给他。若件件日习一遍（何况可能不止），则23年×365天的学习，上述典型一天还是梦想吗？

既然生活中教学不必特意拿出整块、整段的时间专门练习，则他但凡能上幼儿园，我们照送；但凡能上小学，我们照上；在普通儿童都走的道路上我们是能跟多远就跟多远。但是，我们不必把学业看成唯一重要的事情，更不要把所有的时间，无论在家里，还是学校里，都用在作业和保持某个成绩上。因为，那个作业和成绩，只是阶段的目标和成就，未必对终生有益。

有了生活中教学的意识，或者创造了生活中教学的机会，如何去执行？各人有各人的妙招和主意。在我看来，ABA中关于串联行为教学的思路是值得借鉴的，但是不必在生活中刻板地照搬。

ALSO 理念三探：在生活中教学，在教学中生活

两年前我提出孤独症干预的 ALSO 理念，并经过初探、再探把这个理念的内涵进一步延伸。我尝试着从操作层面上探讨 ALSO 理念是否可以把教学和生活融为一体，也就是说生活中是否可以贯彻 ALSO 的干预理念。

首先，生活是什么？

我在《活着不是一种态度：对生命意义的行为层面的思考》中曾经对"活着"或者"生命"从哲学层面做了行为学上的定义和思考。"生活"相对于"活着"和"生命"是更具体的一个概念，应该摆脱对它形而上的哲学思考而仅从生活的一般意义上着眼。从一般意义上说，生活就意味着生命的各种自然和社会的需求以及它们的解决。关于人类的"需求"和"需求的层次理论"，马斯洛（Abraham Maslow）给了大家最好的和最全面的描述。我在此想要阐述的是，需求的"机会"，以及它的"发现""创造"和"利用"。

先说说需求的"机会"。需求似乎不待于"机会"而自然地发生，因此我们要善于发现和利用"机会"。举一个实例来看。

在一家酒店的饭桌上，母子二人和一个客人在用餐。服务员上了一道菜，这道菜碰巧放在了孩子伸手够不着的远端，服务员离开以后，这个孩子就出现了以头撞桌子的行为，而且撞的方向正是这道菜的位置，同时发出哼哼唧唧的声音。

很显然，孩子的行为表达了一种需求。但这个需求是不是一种"机会"取决于母亲的行为。

A. 母亲可以自然地把这道菜挪到孩子眼前伸手可及的位置。

B. 母亲阻止孩子继续撞头的行为，并询问孩子是否想要这道菜，在孩子点头（或者仿说的语言回应，根据其沟通的能力）之后把这道菜挪到孩子眼前伸手可及的位置。

C. 母亲阻止孩子继续撞头的行为，并询问孩子是否想要这道菜，在孩子点头（或者仿说的语言回应，根据其沟通的能力）之后把这道菜中的一口勺挪到孩子眼前伸手可及的位置。

行为 A 表明母亲意识到这是一个需求，但没有发现这是一个需求的"机会"。

行为 B 表明母亲发现这是一个"需求"的机会，但没有"发现"这个机会可以再利用。

行为 C 表明母亲不仅"发现"了这个机会，还让这个机会得到最为充分的利用。

善于发现和利用机会，自然而然就会想到创造需求的"机会"，比如，由该实例的经验出发，如果母亲在下一次吃饭时"故意"把这道菜放在孩子伸手不能触及的位置，并开始 C 的行为，可以在生活中的任何时间和空间创造机会。以下仅仅是一些具体的做法举例。

1. 在他／她的面前吃他／她最喜欢的食物但不给他／她。
2. 激活一个玩具的玩法，终止后递给孩子。
3. 给孩子四块积木依次放进盒子里，并紧接着给他一个小动物模型放入盒子里。
4. 给孩子读一本书或者一本杂志，当他感兴趣时突然中止。
5. 打开泡泡盒，吹泡泡，然后关闭并拧紧泡泡盒，然后递给孩子。
6. 开始一个熟悉的社会性游戏，直到孩子表现出高兴的样子。然后停止游戏并等待。
7. 吹气球，然后慢慢撒气，再把撒了气的气球给孩子或放在自己的嘴边并等待。
8. 给孩子一个他／她不喜欢的玩具或食物。
9. 把孩子喜欢的某个食物放到一个透明但孩子打不开的容器里，然后把这个容器放到孩子面前。
10. 把孩子的手放到一个冷的、湿的或黏糊糊的物体上（比如糨糊等）。
11. 滚一个球到孩子那儿，让孩子把球滚回来，这样来回滚三次以后，立即滚一个不同的玩具到孩子那儿。
12. 引导孩子做拼图，当孩子拼好三张以后，给他一张不合适的图片。
13. 与孩子一起从事一项活动，该活动材料含某种特别容易倾洒的物质。突然在孩子面前倾洒一些东西并等待。
14. 把一个可发声的玩具装到一个不透明的袋子里，摇晃袋子。把袋子举高并等待。

15. 给孩子一些他喜欢玩的游戏材料，但保留一项他完成该活动所必需的工具，使他不能得到，并等待。
16. 给孩子一些他喜欢玩的游戏材料，但请第三个人拿走一项他完成该活动所必需的工具，到房间的另一端，并等待。
17. 对一个游戏中的玩具说"bye"并拿走，重复2遍后，第3次只拿走玩具。
18. 把一个玩具狗熊从桌子底下拿出来并向孩子打招呼。重复3遍后，第四次只拿出来玩具，不打招呼并等待。

如何利用发现和创造的"机会"教会孩子A（学业技能或者认知技能）

以上述举例中"孩子喜欢吃的东西"为例。

教方位：我们把他喜欢吃的东西放在桌子上、桌子下或者盒子里，并且用语言和身体辅助的方式提示他可以从这些地方得到；一再重复这样的机会（注意前述母亲B和C的行为区别）。

教颜色：我们利用他喜欢吃的东西的自然颜色，或者把他喜欢吃的东西做成特定的颜色，问他吃红的还是绿的或者黄的等，他回答哪种颜色的，就给他哪种颜色的。

教多少：我们把他喜欢吃的东西分成两份，一份多，一份少（区别要明显），问他要多的，还是要少的。回答多的就给多的，回答少的就给他少的，即使他实际上想要多的（但在他还没掌握之前，尽可能辅助他做出自己的选择）。

教数量：问他吃几片（个）？根据他的回答给他相应的片（个）数。

教形状：利用他喜欢吃的东西的自然形状或者把他喜欢吃的东西做成特定的形状，问他吃"五角"的还是"三角的"，是"圆的"还是"方的"？根据他的回答给他相应形状的吃的东西。

教人物：把他喜欢吃的东西交给叔叔，虽然阿姨、爷爷、奶奶也在场，但他们没有孩子想吃的东西，他只有走到叔叔那里才可以得到。以后可以教他走到叔叔那里并说"叔叔"或者"叔叔我要"，才可以得到。

在以上基本认知或者学业技能的基础上可以随着孩子能力的进步而将这些认知和技能组合起来或者将其拓展来教导孩子。

如何利用发现和创造的机会教 L（生存技能和生命技能）？

以教孩子洗手为例，与孩子一起或者让他自己玩游戏（比如，捉迷藏），让他玩到渴，玩到饿。把他最爱吃的水果洗好、切好，放在他很容易发现的盘子里。如果他要过来抓着吃，及时阻止他并说"去洗手"，同时按照串联行为教学程序辅助他把手洗干净。然后放开他并说"现在可以去吃水果了"。串联行为的教学技术是把一整套行为分解成若干关键步骤，在教学时以每次完成一整套行为为目标。借由此路径，一切生活技能如洗脸、刷牙、穿衣、做饭、整理家务、打扫卫生等都可习得；借由循序渐进地练习，一切运动技能如游泳、打球、骑车皆可掌握；借由循序渐进地练习，一切艺术方面的技能如书法、绘画、操琴、弄笛也可有模有样。

以教孩子购物为例，在一堆水果面前，我们告诉孩子拿苹果，并且辅助他把苹果放进商贩给的塑料袋内。如此几次之后，我们尝试着弱化对他的辅助，看他是否自己能拿，如果他果然拿了苹果，我们就把塑料袋打开，让他把苹果放进袋里（拿苹果的行为得到强化），而如果他拿了其他水果，我们则阻止，或者不让他放进袋里（拿其他水果的行为被消退）。我们不指望他买一次就能掌握，但我们完全可以期待，若干次购买的尝试之后，我们说买任何东西而他都不会拿错。我们也可以借由孩子的手把钱递给商贩，商贩在找零时，我们辅助孩子接过来再递到我们手上。慢慢地，孩子就熟悉了交钱和等着找零的行为和程序。

值得注意的是，上述行为我们只需交代前提指令并辅助孩子完成这个指令所需要的关键技能即可，不用给予过多的语言提示。事实上，在进行以程序性记忆为主的生活技能和行为技能的教学过程中，过多的语言提示可能反而会阻碍程序性地记忆。完整地重复的过程，就是由不会到会进而娴熟的过程，并不依赖于完备的认知作为前提条件，所以，可以让孩子在还不认识过某个物件或者还不会用语言表达对它的认识时就着手练习。

如何利用发现和创造的机会教 S（社会规则和社交技能）？

社会规则的建立是基于破坏规则的不能之基础上。比如，我们说洗了手才可以吃水果，"他不洗手就要吃苹果，但我们让他吃不到，而辅助他洗过手他才可以吃到"这样的行为练习才能建立这个规则。如果我们一边说着，不洗手不可以吃，但孩子却依然吃甚至说了好几遍他还在吃，这样的教育是建立不起来任何规则的。反倒有可能让孩子对我们的规则指令更加不敏感，而只对我们是否发脾气敏感。再譬如，孩子说要"少"的，我们给予"少"的，但他有可能哭闹要"多"的，我们不可以于此时迁就了他的哭闹而在他说要"少"的时候给了"多"的，而是要辅助他成功地说出要"多"的，才能给予他多的，说要"少"而哭闹着要"多"是断然不可的。

对于孤独症儿童来说，我认为最紧要的社交技能的建立，是习得一种对与之密切生活在一起的人的助人意识和助人技能，而这两者也断然不可离开生活泛泛而谈。譬如助人意识必得在助人的实践中获得。那么生活中，我们又"发现和创造"了多少机会给孩子，让他不费劲而又愉快地帮助了我们呢？譬如，你可以把梳头、洗脸或化妆用品故意放在孩子身边，让他帮你找到（如果他没有反应，其他家人辅助孩子做到）；而他一旦帮助了你，你尽可以给他足够强的社会性强化（亲吻，举高高等一切孩子受用的动作），甚至用他喜闻乐见的物质强化也不为过（我们只是用它增加孩子助人行为的快乐感而已，不必强调这个物质，更不必言必称"奖励"二字）。你每天给了他多少机会，让他不必非常努力就可以随手帮你一些小忙，而又获得很多的愉快体验？机会越多，我们就越有理由相信孩子的助人意识越来越强，也许哪一天，他会主动问你"妈妈，有什么需要帮忙的吗"也说不定。在孩子已经掌握了足够的生存技能和生命技能的基础上，借由这些助人的实践而获得的助人意识可以让助人的技能自然可期。

如何利用发现和创造的机会教 O（职业技能和专业技能）？

对于孤独症儿童掌握职业技能和专业技能的预期，不能在十几年或者二十几年之后才考虑。因为从来没有生就的职业能力或者专业能力，必须从现在开始做准备,在两三岁时就要为十几、二十年以后的需要做好铺垫、打下基础。具体而言,就是在每天的生活里贯彻 ALSO 的干预理念,尤其是"ALS"领域的内容,则 O 通常只在一个机缘下就可以实现。

在生活中教学,含有寓教于生活的味道,也含有寓教于乐的味道。在教学中生活,含有寓生活于教的味道,也含有寓教于苦的味道。这样的生活比无教学意味的生活更烦琐、更辛苦,但也更值得。

让人省心,对人有用

我曾经提出,ALSO 理念是立足现在(两三岁)、放眼未来(考虑孩子到二十三四岁甚至更长生命历程的需求),在现在与未来之间架起一座桥梁,通过它来实现孤独症儿童从自理到自立到独立的关键能力的转变和提升。这个理论的核心要旨在于"现在的训练必包含未来的需求;未来的目标必在今天得以练习"。

把未来的目标和需要放在眼下和当前,就会让我们一下子明白,我们每一个人的当下人生其实需要应对两个需要:应情应景的现实需要与一辈子在任何时候都离不开的需要。

我们在人生的每一个关键阶段都有一些应情应景的需要,它们在其各自所属的阶段至关重要,比如学龄前儿童学习和运用语言、对学前技能和学前认知的准备;比如学龄阶段的文史哲和数理化知识以及相应的作业和考试技能;比如学龄后阶段的专业技能培养和职业技能培养。但这些应情应景的需要,虽然在所属阶段很重要,但离开这个阶段就变得没有那么重要,甚至不再需要。这些适应情境需要的技能和活动都有一些相近之处,我把它们笼统地阐述为学业和认知技能(ALSO 理念中 A 的概念所指向的内容)。

回顾人生的每一个阶段,我们又都有一些活动和技能是终生需要、每日需要,也就是永不过时的需要。这些活动和技能也不少,比如洗脸、刷牙、穿脱衣服、上厕所、打电话等生活自理技能;比如做饭、打扫卫生、购物、买菜、去理发、乘公交等自立技能;比如以一技之长获得一定的职业和专业技能,从而获得维持生活的独立生活能力。为了更形象地区别并加深印象,我把这些活动和技能进一步阐述为胜任家庭和社区两个环境下的常规活动的能力（ALSO 理念中 L/O 的概念所更多的指向的内容）。

作为一个社会中的人，我们一生当中还有一个永远不会过时的需要贯穿于我们生命的全程，那就是遵守最基本的社会规则的能力和对密切生活相关的他人的需要敏感的能力（ALSO 理念中 S 的概念所更多的指向的内容）。

前者（应情应景的需要）是花，后者（一辈子的需要）是花之所以盛开和得以孕育的土壤；前者是纹饰优美的刺绣，后者则是能让这刺绣突显其美的衬料和基底；前者是靓丽的羽翎，后者是滋养和焕发这羽翎的皮肤。两相对比，孰轻孰重，孰薄孰厚，立下分明。它之分明，却非自得。一定得把未来的目标和需要放在眼下和当前才可以得到。否则，我们就会不自觉地陷于眼下和当前的需要，追愈多而失愈远，永不自得。

毋庸讳言，多数孤独症谱系障碍人士总体上在胜任应情应景的需要上（也就是学业和认知技能）存在的挑战和困难远大于胜任家庭和社区两个环境下的常规活动的需要。应情应景的需要本身不一定是生命历程中所必须；而家庭和社区两个环境下的常规需要却是生命历程中无时无刻不需要。前者劬劳苦求，得之有限且无所用之；后者轻易而能，却不尽早培养、使其终身受用，岂不怪哉？！

遵守最基本的社会规则，则孤独症谱系障碍人士必让人省心；胜任家庭和社区两个环境下的常规活动，则孤独症谱系障碍人士必对人有用（首先是对家庭，其次是对社会）。省心而有用，就掌握了干预的根本，至于我们的孩子们在此基础上还能达到什么地步，我们完全可以从容地看其造化！

补其社会适应所最短，抢其社会适应所最长

孤独症谱系障碍是一种严重影响个体身心发展和社会适应的神经发育性障碍。它影响而不是促进个体身心发展和社会适应的本质决定了对它的干预带有补救和抢救性质。由于人类对孤独症谱系障碍的认识相对较晚，目前我们还没有足够的文献了解孤独症谱系障碍人士的预期寿命是否短于普通人群（从孤独症谱系障碍人士一生中可能遇到的风险来看应该是如此，

与普通人群相对照孤独症谱系障碍人士自我保护能力更弱、遭遇意外风险的机会更高），但是我们几乎可以肯定他们的寿命不会长于普通人群。

在同等的时间内，带着一个障碍的因素去获得同样或者类似的身心发展和社会适应没有其他路径，第一是提高自身的学习效率和机会；第二是让社会慢下来等等他们（为残障人士获得同等机会和权益而努力）。今天，我只就第一点说一些看法。

孤独症谱系障碍人士有可能在智力上先天不足（虽然比例在明显下降，但是仍然有较高比例的孤独症儿童合并智力落后），即使先天智力并无落后（正如现在发现越来越多孤独症谱系障碍儿童拥有正常或者超常智力），孤独症核心的社会、沟通缺陷以及在兴趣、行为方面的异常，也会造成孤独症谱系障碍儿童后天社会性学习机会的自动或者被动剥夺（比如，他们在幼儿园但并不能像普通儿童那样自发投入向老师、伙伴学习的活动中，而是偏于一隅，自我陶醉于重复刻板的游戏和兴趣中）。假以时日，最终造成孤独症谱系障碍儿童智力和社会适应能力方面的进一步落后。

因此，对孤独症谱系障碍的干预和教育康复带有补救和抢救性质。补其（适应社会）所最短、抢其（适应社会）所最能。而补与抢，都带有一定的紧迫性，这个紧迫感需要用科学的指标来衡量，而不仅仅是一种态度上的姿态。事实上，如果仅仅是态度上的一种姿态，或者仅仅是一种动员或者呼吁，往往除了引发焦虑什么都不会带来。有人焦虑过后，习得一种无助、无为的"淡定"态度，不再主动干预孩子、任其自然发展，也是不可取的。

今天，我就想跟大家探讨围绕孤独症谱系障碍的干预和教育康复，我们需要重视的几个科学衡量指标，不论你采纳什么样的理念、方法和途径，只要你在对这些孩童进行干预和教育康复，你就必须要思考这些衡量指标。因此，它并不针对某一种科学门类，而是对所有科学门类下的方法、技术的衡量。

这几个衡量指标就是：干预的效率（有效行为回应／提供机会总量），提供的教学（或干预）机会的总量，投入／收益比。

无论出发点如何，对孤独症谱系障碍的干预和教育康复最终都应该落脚到孩子对环境的有效行为回应上。也就是说，如果没有巩固的、可预期的行为回应于孩子所处的环境,那么一切干预都将是水中花、镜中月,耽误了孩子最富有可塑性的一段黄金时间(0-10岁)。

我最近在培训中提出的一句训练口号:"不要问你对孩子做了什么,而要问孩子对你(对环境)做了什么。"意思是说,我们对孩子做了什么当然很重要;但是,相对于我们做了什么,帮助孩子对我们(或者环境)做些什么其实更重要!

对于孤独症谱系障碍人士来说,环境(刺激)不是不够丰富,而是已经(刺激)过载。帮助孤独症谱系障碍人士对现有环境变化做出有效行为回应远比再增加一些环境(变化或刺激)之后期望预期行为发生,更加突出对他们干预的针对性。

提出这句口号就是要注重孩子自身的行为回应效率,而不是给他提供了多少环境刺激。借助公式表达:行为干预效率=有效行为回应/提供机会(环境刺激或变化)的频次再乘以100%。

无论用什么方法、理念、技术去干预,都应该首先关注在单位时间(小时、天、周、月、年)里干预效率是怎样的。比如,在同样一小时时间里,同样给孩子提供20次学习机会(让孩子产生某预期行为的机会,或者刺激变化),一个回应效率80%的孩子就会有16次实际的行为回应或者学习;对于一个回应效率只有10%的孩子而言,实际的行为回应或者学习却只有2次。提供的学习机会是同样的,但孩子的实际学习和行为练习却差距非常之大。因此,帮助孩子对环境、对家长、对老师做出有效行为回应,对他的预期行为的改变和习得更为重要。如果我们选择的目标行为是适当的,那么单位时间里,干预效率越高,干预的效果就会越好。

在关注行为干预效率的基础上,进一步关注单位时间内我们给孩子提供的出现预期行为机会(刺激变化)的总量(也就是我们对孩子做了什么)有多大。因为在效率恒定的基础上,机会的总量会决定有效行为回应的总量。

举个例子来说明。在同样20%的行为回应效率基础上,单位时间(如一天)给予孩子1000次行为回应的机会,所得到有效行为练习是200次;如果这一天只给予孩子100次行为回应的机会,那么,他回应环境的有效行为锻炼(或学习)只有20次。一天之内,就是200次和20次的有效行为回应的差距，那么，一个月呢？一年呢？十年呢？十年之后，两个孩子的行为差距会有多大？可能不可想象！

前文已经充分论述，对孤独症谱系障碍的干预带有补救和抢救性质。你可以选择不同的理念、技术和方法，但你不可以对孩子的行为进步、行为变化心中无数。这个数，就是要不断衡量在过去的一小时（一天，一月，一年）里，给孩子提供了多少次行为回应的机会，孩子有效回应的有多少，越是量化这两个数据，则越是对孩子的状况明了，也越能感受到孩子的进步，对孩子也会越来越有信心。

做到对干预心中有数，还体现在另一个行为测评指标：干预的投入收益比＝行为改变带来的实际收益／行为干预投入的时间精力财力总和。当然，这个指标可以用来衡量任何有社会意义的行为改变目标上来。但是，这是由专业人士才能确定的具体行为目标，并开展科学有效的行为干预手段，而且在评估反馈中衡量其投入收益。

这里，我特别提到两类行为目标的投入收益比较：应情应景的学业和认知为主要追求的现实需要，和一辈子都不过时的以生存、生活能力为追求的终身需要。

在进一步阐述之前，我们还需要考虑到一个现实：相对于他们以后遇到的各种障碍和困难，幼儿园和小学入学对孤独症谱系障碍孩子而言还是最容易实现的目标。

这之后，初中、高中、大学，都会有大量（相比于普通儿童有更高比例）的孤独症谱系障碍儿童被拒之门外（虽然我们可以通过呼吁和争取权益的方式使这一局面缓解），被重新"隔离"到家庭中来。

在这样一个目前还很难改变的现实背景下，再来看幼儿园、小学阶段这关键的黄金十年里，我们每天都花了多少时间和精力，培养了孩子什么样的能力，以及在未来他们再回归家庭的时候，这些能力还能起多大作用？比如，他们背诵课文，认识更多字词或者分析一个句法文法，领会作者意图甚至编一个作文故事；这些曾经是他们数年来语文作业的全部。比如他们从计数到会十以内加减法再到计算百以内加减法，到会加减乘除甚至应用题，会计算周长面积，会一些统计计算，这些曾经是他们数年来数学作业的全部。当然，还可能背诵更多的英文单词以及能默写更多的英文单词，乃至能读一些英文 ABC 文章。这些可能是数年来他们英语作业的全部。所有这些在几乎数年（甚至接近十年）光景里，我们几乎是在用全部精力和时间去培养，但这些行为能力，一旦回归家庭，还有多少能继续得到培养？还有多少还能在生存、生活中持续用得上？还有多少能够继续对他们的未来保持价值和用处？

回归家庭时他们已经不是 3 岁孩童，而是一个十几岁的少年。教他们如何独立生存、自主生活都将成为我们必然的思考、必要的选择。

可是，管理和教育孩子的黄金时期已经过去，同样在孩子不情愿的背景下去教他们行为技能，13 岁的孩子和 3 岁时相比，其困难却是十几倍的（你把 13 岁的孩子当 3 岁去管理，却没有能力把他当 3 岁控制）。

不教，他们就无法独立，也不能自主生活；教，他们可能不情愿，以出现问题行为作为对抗，而如果遇到对抗，我们就退一步，一方面增加了以后教类似技能的困难；另一方面也会让新的技能永远没有机会建立。

所以，10 岁之前是管理和控制孩子的黄金十年，规则、规矩、常规当立则立，能早尽早；10 到 14 岁的孩子，反而需要尽量少管（管一半，放一半）；14 岁以上，要做到能不管尽量不管。对孩子的管理和控制，应该随孩子年龄增长而逐渐减少。但减少的前提是在能管控和可管控的十年里，孩子已经掌握了基础的能力和规则。

在幼儿园到小学这段黄金十年里，我们有没有建设孩子自理、自立到独立生活的技能呢？绝大多数谱系障碍孩子的家长一心让孩子的学业向普通儿童学业标准看齐，努力把所有时间和精力用在使孩子的学业尽可能跟上，而对于这些孩子在重新回归家庭以后需要建设的能力却一直包办代替，没有意识更没有行动去贯彻和培养。

这种情况下，孩子到了十几岁、二十岁的时候，他的智力可能远高于生存能力、问题行为远多于建设行为。而他在学业上已经建树的能力此时已经无助于他过上自立或独立的生活。

如果我们在孩子 3 岁左右的时候开始，不只是关注他的学业能力和认知技能发展，同时每天拿出少量时间培养他的自理、自立的话，又会怎样呢？

这个非数据化的、质性的投入／收益比是不是也能像数据化的量化分析一样能让你有所触动、有所改变、有所作为呢？！

前文述及针对孤独症谱系障碍的干预，家长要做到心中有数。在有数的基础上，我们还需要注意什么呢？要注意这些"数"得来的方法和途径：要尽量选择对孩子和家庭更容易接受、侵犯更少的方法和技术去改变孩子的行为；同时要注意选择那些真正行之有效的方法和技术去改变孩子的行为。在应用行为分析这个领域，前人积累的符合这两个条件的方法和技术已经数不胜数，且还在继续产生。所以只要注意学习、善加利用，应用行为分析之外，我们完全可以做到无复他求。

基于 ALSO 理念的家庭干预基本原则

关注 ALSO 理念、关注 ALSO 的实践应用，是我一直希望大家做的事情。同时也提醒大家，ALSO 的核心理念"今天的训练必包含未来的目标，未来的目标必在今天得以练习"是积久为功的事业，不在一朝一夕，不在一天两天。

只要方向和原则正确，对孩子的训练干预这件事，比准备好更重要的是要开始做。

以 ALSO 理念为依据，对孤独症谱系障碍孩子的基本干预原则如下。

1. 重视衣食住行方面基本的生活能力。这是立世之本。基础不牢，地动山摇！
2. 重视遵守最基本的社会规则的意识与能力。这是处世之本。规矩不立，鸡犬不宁！
3. 要扬长避短而不是抑长补短。人生太短暂，孩子要面对太多挑战。要用有限的时间争取最大的收益，而不是花大量时间做收效甚微的事情。不能回避的短板，要在扬长的前提下有取有舍地补救。

4. 积久以专，以专立久。用十年二十年的功夫培养出孩子至少一项能用可用的专长；再以此或以更多专长供养孩子几十年。

5. 为孩子创造接纳的社会环境与氛围是家长一生的功课，它和培养孩子的能力一样重要，但家长做此功课的意识与能力不如培养孩子的能力那样充分。

编注：关注微信公众号"华夏特教"，在"知识平台"版块中找到"资源下载"，即可免费获取本书附录内容，其中包含作者个人教育经验的反思总结以及对生命的思考与感受。

参 考 文 献

[1] John O. Cooper, Timothy E. Heron & William L. Heward. Applied Behavior Analysis[M]. Pearson,2019.

[2] Richard Malott & Joseph Shane. Principles of Behavior: 7th edition[M]. Psychology Press, 2016.

[3] B.F. Skinner. About Behaviorism[M]. Vintage, 1976.

[4] B.F. Skinner. Verbal Behavior[M]. Copley publishing Group,2020.

[5] Steven C. Hayes & Linda J. Hayes. Understanding Verbal Relations[M]. context press,1992.

[6] Linda J. Hayes , Steven C. Hayes & Hayne W. Reese. Varieties of Scientific Contextualism[M]. context press,1993.

[7] David B. Arciniegas, C. Alan Anderson & Christopher M. Fillet. Behavioral Neurology & Neuropsychiatry[M]. Cambridge University Press,2013.

[8] Linda J. Hayes & Philip N. Chase. Dialogues on Verbal Behavior[M]. context press,1991.

[9] Stephen C. Pepper. World Hypotheses: A Study in Evidence[M]. University of California Press,1942.

[10] B.F. Skinner. Beyond Freedom and Dignity[M]. Hackett Publishing Company,2002.

[11] 朱熹. 四书章句集注 [M]. 北京：中国书店 , 2013.

[12] 汤一介. 郭象与魏晋玄学 [M]. 北京：中国人民大学出版社 , 2016.

[13] 康德. 康德三大批判合集 [M]. 邓晓芒译. 北京：人民出版社, 2009.

[14] 黑格尔. 精神现象学 [M]. 贺麟，王玖兴译. 上海：上海人民出版社，2013.

[15] 埃德蒙德·胡塞尔. 逻辑研究 [M]. 倪梁康译. 北京：商务印书馆，2018.

[16] 理查德·W. 马洛特，约瑟夫·T. 沙恩. 行为原理（第 7 版）[M]. 秋爸爸，陈 墨，译. 北京：华夏出版社，2019.

寄　　言

《应用行为分析与儿童行为管理》第二版即将付梓，这标志着书中极具本土特色的ALSO理念也将由原本的个人感悟、一家之言转而成为一种面向家长、启发家长、帮助家长的系统化理念方法。郭延庆大夫邀请他的恩师杨晓玲教授为之作序，同时嘱我也为读者写几句寄言。

ALSO是"引进、消化、创新"的成果，本身经历了"理论—实践—理论"的循环和提高，其"今天的训练必包含未来的需求，未来的目标必在今天得以训练"的理念本身就是源于中国实践并为中国家长服务的，跟杨大夫"为孤独症儿童的一生做好准备"的理念是一脉相承的。

从20世纪90年代以来，我们这一代家长和专业人员，一直以引进国外的文献、理论和实践来帮助孤独症儿童及其家庭为己任，然而我本人却对探索总结本土经验的专业人员情有独钟，怀有深切的敬意，比如，一直在国内探索融合教育途径和方法的本土专家王国光老师，提出"要为孤独症孩子立规矩"这样见地的贾美香大夫。

我在北京市孤独症儿童康复协会会刊《沟通·共享》第四期第一次读到《ALSO理念：从孤独症到社会人》时，不禁眼前一亮，这不就是我一直期盼的对我们中国家长和专业人员历经二十多年所积累的经验的总结吗？在这个貌似"与国际接轨的"首创术语下面，讲的是中国的故事，归纳的是中国的实践，上升的是拥有自主知识产权的中国本土的理念。

因此，我抓住郭大夫2012年11月为大连七院的医生进行培训的机会，请他为大连的家长做了整整一天的公益讲座。在编写讲座资料的过程中，我甚至在网上搜到了连他本人都已经遗忘了的讲演稿，从而对 ALSO 理念的形成过程有了更深入的了解。

2003 年 8 月—2004 年 7 月，受协会委托，在国际应用行为分析协会"行为分析学术领袖"项目的支持下，郭大夫被选派到美国内华达大学进修应用行为分析，师从琳达·海耶斯教授，以优异成绩修完项目所需学分，并获得"行为分析学术领袖"证书。

回国伊始，郭大夫即被杨晓玲教授派往协会的培训基地进行了近两个月的师资培训，由此开启了他学以致用、努力推广应用行为分析，普及孤独症早期干预措施的多彩人生。多年来，他的职务提升了，职称晋升了，但他始终保持着协会"培训部主任"的头衔而乐此不疲。由于他的讲座非常接地气，因而在孤独症家长中反响热烈。

历经 7 年实践以后提炼出的 ALSO 理念，又经历了近 7 年在家长实践中的检验，带有明显的中国特色，却同样会适用于普天下的孤独症家庭。毋庸讳言，它仍然需要而且必将在实践中进一步完善，以形成完整的体系。因之，我愿意为之鼓与呼。

历史是一面镜子，纵观孤独症上下 80 年历史，科学家的研究曾几度误入歧途，误导和损害了众多孤独症人士及其家庭的生活。20 世纪 40 年代晚期，美国精神病学家声称他们找到了孤独症的病因：冷酷的父母，尤其母亲缺乏对自己孩子的爱。连最先研究孤独症症状的少数精神科医生之一的利奥·凯纳都曾一度放弃了他最初关于孤独症与生俱来的理论，赞同后来称之为"冰箱母亲"的假说。在这一假说大行其道的 20 世纪 50—60 年代，在先入为主的偏见与臆断误导下，孩子们被送进教养院，被以"良好愿望"的名义施以电击、体罚、迷幻药物等，境遇极其悲惨。

20 世纪 90 年代以来，人们对孤独症的认识发生了极大改变。孤独症已经从曾经令家族蒙羞的诊断转变为被广泛接受的症状，其受社会关注和倡导的程度超过了其他任何疾病。中国的家长，虽然起步晚了近 40 年，但得以避免了最大的弯路，也没有受到诸如疫苗说之类的干扰，这是值得庆幸的。

孤独症事业的不朽开拓者、最杰出的孤独症家长代表洛娜·温博士生前多次指出："尽管有关孤独症障碍的可靠知识有了增加，但并没有产生出任何能够治愈它的治疗方法。真正的进展在于人们懂得了应当如何去创造一种环境，创造出能够使障碍降低至最低限度，使潜在的技能得到最大限度发展的日常计划。""人们永远不能忘记的是，在这些进展背后最为重要的驱动力，是孤独症儿童的家长们（包括祖父母们）为推动帮助他们儿女的科学研究的进行，以及服务设施的提供所表现的坚强决心。"

  本书的出版是这种最为重要的驱动力的又一成果。我有幸目睹郭大夫所指的三个火枪手之一的秋爸爸，利用"爱在蓝天下"画展的机会，拦住观展的中国残疾人联合会主席张海迪女士的轮椅，慷慨陈词孤独症家庭实际困难的场景。正是在那次画展上，我有幸品尝了北京的康康最初制作的面包，以后又多次品尝过康纳洲"面点师"们精心制作的曲奇和月饼。实践雄辩地证明，孩子们"原来是可以做家务而且愿意做家务的；是可以带出门在生活中学习而且愿意在生活中学习的"。

  我国经济在持续增长，社会在不断进步。虽然我们面前的路肯定不会平坦，但我们有理由充满希望。今天，在孤独症领域里工作的研究者和从业者，绝大多数都有强烈的愿望帮助孤独症人士及其家庭，思考怎样更好地转化他们的能力为有意义的就业和工作服务，希望让他们过上更安全、更健康、更幸福和更有意义的生活。

  借此机会，我向所有为 ALSO 理念的完善而奉献自己正反两方面实践经验的、认识的和从未谋面的家长朋友们致敬、感恩！祝郭大夫百尺竿头，更上一层楼！

孙敦科

图书在版编目（CIP）数据

应用行为分析与儿童行为管理 / 郭延庆著. --2 版. --北京：华夏出版社有限公司，2023.1（2024.10 重印）

ISBN 978-7-5222-0356-0

Ⅰ.①应… Ⅱ.①郭… Ⅲ.①儿童教育－行为分析 Ⅳ.①B844.1

中国版本图书馆 CIP 数据核字（2022）第 110486 号

©华夏出版社有限公司 未经许可，不得以任何方式使用本书全部及任何部分内容，违者必究。

应用行为分析与儿童行为管理

作　　者	郭延庆
责任编辑	许　婷　李傲男
出版发行	华夏出版社有限公司
经　　销	新华书店
印　　装	三河市少明印务有限公司
版　　次	2023 年 1 月北京第 2 版 2024 年 10 月北京第 3 次印刷
开　　本	710×1000　1/16 开
印　　张	16
字　　数	245 千字
定　　价	88.00 元

华夏出版社有限公司　地址：北京市东直门外香河园北里 4 号　邮编：100028
网址：www.hxph.com.cn　电话：(010) 64663331（转）
若发现本版图书有印装质量问题，请与我社营销中心联系调换。